W0268319

Anleitung
zur Durchführung von Versuchen an Dampfmaschinen, Dampfkesseln, Dampfturbinen und Verbrennungskraftmaschinen

Zugleich Hilfsbuch für den Unterricht
in Maschinenlaboratorien technischer Lehranstalten

Von

Franz Seufert

Oberingenieur für Wärmewirtschaft, Studienrat a. D.

Siebente, erweiterte Auflage

Mit 52 Abbildungen

Springer-Verlag Berlin Heidelberg GmbH

1925

ISBN 978-3-662-27878-9   ISBN 978-3-662-29380-5 (eBook)
DOI 10.1007/978-3-662-29380-5

Vorwort zur siebenten Auflage.

Die ungeheure wirtschaftliche Not, unter der die ganze deutsche Industrie leidet, fordert gebieterisch die äußerste Sparsamkeit bei der Erzeugung und Verwendung von Wärme. Das wichtigste Mittel hierzu ist die sachverständige Untersuchung von Feuerstellen und wärmeverbrauchenden Maschinen und Anlagen auf etwaige Fehler und die unermüdliche Betriebsüberwachung durch geeignete Meßgeräte.

Große Industrieverbände, wie, um nur ein Beispiel herauszugreifen, der Verein deutscher Eisenhüttenleute in Düsseldorf, haben Überwachungsstellen zur Verbesserung ihrer Wärmewirtschaft gegründet und durch besondere Lehrgänge die Ausbildung von „Wärmeingenieuren" gefördert. Jedes größere Werk hat heute eine Wärmeabteilung zur Betriebsverbesserung und Gewinnung von Grundlagen zur Selbstkostenberechnung eingerichtet.

In dem vorliegenden Buch bin ich schon seit vielen Jahren bestrebt gewesen, die einfachsten, betriebsmäßigen Untersuchungsmethoden vorzuführen und durch meist der Praxis entnommene Beispiele zu ergänzen; der immer raschere Absatz der einzelnen Auflagen bewies mir, daß für ein solches Buch ein Bedürfnis vorhanden ist; besonders die fünfte Auflage war überraschend schnell vergriffen. Die vorliegende Auflage berücksichtigt noch mehr als bisher die wachsende Verwendung selbsttätiger Meßinstrumente zur Betriebsüberwachung.

So möge denn die siebente Auflage ihr bescheidenes Teil zur Verbesserung unserer Wärme- und Energiewirtschaft und damit auch zum Wiederaufbau unserer schwer bedrängten Industrie beitragen.

Homberg (Niederrhein), Januar 1925.

F. Seufert.

Inhaltsverzeichnis.

Inhaltsverzeichnis. V

Zweiter Teil.
Dampfkessel-Untersuchung.

Dritter Teil.
Größere Versuche an Dampfmaschinen- und Kesselanlagen.

Vierter Teil.
Dampfturbinen-Untersuchung.

Fünfter Teil.

Dieselmaschinen-Untersuchung.

Sechster Teil.

Gasmaschinen-Untersuchung.

Einleitung.

Der **Zweck** der folgenden Untersuchungen besteht entweder darin, festzustellen, ob bei neuen Maschinenanlagen die vom Erbauer gegebenen Zusicherungen erfüllt sind (**Garantieversuche**), oder darin, in vermutlich unwirtschaftlich arbeitenden Anlagen Maßnahmen zur Abhilfe zu treffen (**Informationsversuche**), oder darin, Unterlagen für statistische und Selbstkostenberechnungen zu gewinnen (Aufgabe der **Wärmeabteilungen** größerer Werke).

Maßgebend für die Durchführung dieser Versuche sind die vom Verein Deutscher Ingenieure, dem Internationalen Verband der Dampfkessel-Überwachungsvereine und dem Vereine Deutscher Maschinenbauanstalten aufgestellten **Normen**, welche insbesondere die für Garantieversuche wichtigen Abmachungen über Zahl und Dauer der Untersuchungen sowie über die zulässigen Schwankungen enthalten.

Erster Teil

Dampfmaschinen-Untersuchung.

Gegenstand der Untersuchung einer Dampfmaschine kann sein:

1. die Prüfung der Einstellung der Steuerung und des Dichtheitszustandes der Steuerungsorgane durch den Indikator,
2. die Ermittlung der indizierten Leistung N_i,
3. die Ermittlung der Nutzleistung oder effektiven Leistung N_e,
4. die Ermittlung des mechanischen Wirkungsgrades $\eta_m = \dfrac{N_e}{N_i}$,
5. die Ermittlung des stündlichen Dampf- und Wärmeverbrauches für 1 PS_i oder 1 PS_e,
6. die Ermittlung des Arbeitsbedarfes der angetriebenen Arbeitsmaschinen.

Im folgenden soll gezeigt werden, welche Hilfsmittel und welche Beobachtungen zur Lösung dieser Aufgaben erforderlich sind, und wie man die Beobachtungsergebnisse verwertet und beurteilt.

Erster Abschnitt.

Die Prüfung der Steuerungsorgane.

Diese erfolgt durch Abnahme eines oder mehrerer Diagrammsätze mit Hilfe des **Indikators.** Aus der Form der Diagramme zieht man Schlüsse auf die Richtigkeit der Einstellung der Steuerung, auf die Dichtheit der Dampfeinlaßorgane und nur in besonderen Fällen auf die Dichtheit der Dampfauslaßorgane und des Kolbens.

Man unterscheidet Indikatoren

1. mit innenliegender Feder,
2. mit außenliegender Feder.

Die zurzeit gebräuchlichsten Indikatoren älterer Bauart besitzen innenliegende Federn; bei Neubeschaffungen sollte man jedoch stets dem Außenfeder-Indikator den Vorzug geben. Die Gründe dafür sind bei der Besprechung der letzteren angegeben. Der Ersatz der älteren Indikatoren durch neue mit Außenfeder erfolgt wegen der verhältnismäßig hohen Kosten nur allmählich. Aus diesem Grund seien zunächst zwei ältere, sehr verbreitete Bauarten beschrieben:

    a) der Indikator von **Dreyer, Rosenkranz** und **Droop** in Hannover,

    b) der **Crosby-Indikator** (H. **Maihak** in Hamburg).

Als Beispiele der 2. Gruppe werden hier beschrieben

    c) der **Maihak-Indikator,**

    d) der Indikator von **Lehmann** und **Michels** in Hamburg,

    e) der **Außenfeder-Indikator** von **Dreyer, Rosenkranz** und **Droop.**

I. Innenfeder-Indikatoren.

a) Beschreibung und Handhabung des Rosenkranz-Indikators.

Der in Abb. 1 dargestellte Indikator entspricht dem noch viel gebrauchten sog. großen Modell mit Dampfmantel. Der Indikator besteht aus dem Zylinder a, dem Kolben b mit der

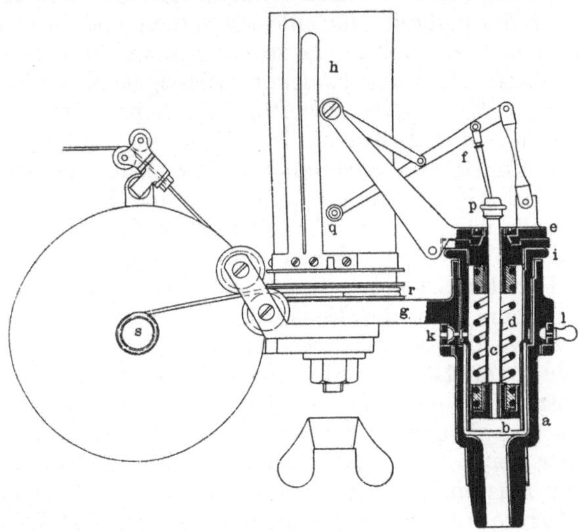

Abb. 1.

Kolbenstange c und der Feder d, dem Deckel e mit dem Schreibzeug f und dem Verbindungsarm g mit der Papiertrommel h. Der Zylinder enthält einen mittels des Deckels i einschraubbaren Einsatz, in dem der Kolben sich bewegt. Dadurch wird um die Lauffläche des Kolbens ein Dampfmantel gebildet, der den Zweck

hat, eine ungleichmäßige Ausdehnung des Zylinders und damit
ein Klemmen des Kolbens zu verhindern. Die Kolbenstange ist
mit einem Bund versehen, der bei einer etwaigen übermäßigen
Zusammendrückung der Feder oben anstößt. Um in dem Raum
über dem Kolben stets atmosphärischen Druck zu erhalten, sind
einige Ausblaselöcher angebracht, welche mit einer ringsum laufenden Nut des Einsatzes und mit einer zweiten, ebenfalls ringsum
laufenden Nut des Mantels in Verbindung stehen. Durch den
mittels des Knöpfchens l drehbaren Ring k, der ebenfalls mit Aus-
blaselöchern versehen ist, kann der austretende Dampf nach jeder
gewünschten Richtung gelenkt werden. Das Schreibzeug ist mittels
des nachstellbaren Kugelgelenkes p mit der Kolbenstange verbunden und trägt am Ende des Schreibhebels den Schreibstift q.

Der Indikator ist in Verbindung mit der **Hubverminderungsrolle** dargestellt; bevor man die letztere anbringt, löst man die
Flügelmutter der Achse der Papiertrommel; dann wird das Be-
festigungsauge der Hubrolle übergeschoben und mit der Sechskantmutter festgeklemmt. Die Diagrammlänge beträgt etwa
100 mm; um die Hubrolle für alle Maschinenhübe brauchbar zu
machen, sind mehrere Röllchen s vorhanden, welche mit der Maß-
zahl des größten für jedes Röllchen zulässigen Maschinenhubes
versehen sind. Man wähle das Röllchen lieber etwas zu klein
als zu groß, um das Anstoßen der Indikatortrommel sicher zu
verhindern. Vor dem Festschrauben der Hubrolle ist darauf
zu achten, daß die Führungsröllchen an der Indikatortrommel
so stehen, daß die später durchzuziehende Schnur senkrecht und
nicht schräg auf das Hubröllchen aufläuft.

Jede Indikatorfeder trägt zwei Bezeichnungen, z. B.
6 kg und 10 mm, d. h. die Feder darf bis zu einem Druck von
6 kg/qcm verwendet werden und einem kg/qcm entspricht ein
Schreibstifthub von 10 mm, oder mit anderen Worten, der Federmaßstab beträgt 10 mm. Der auf jeder Feder angegebene Federmaßstab ist nur als ungefährer Anhalt zu betrachten, weil er sich
im Laufe der Zeit ändert. Bei genauen Versuchen muß deshalb
für jede zu verwendende Feder der Maßstab mit Hilfe eines
Federprüfungsapparates[1]) ermittelt werden. Das Einsetzen
einer neuen Feder in den Indikator geschieht wie folgt: Man
löst das Kugelgelenk p (Abb. 1) und schraubt den Deckel e mit
dem Schreibzeug heraus. Damit nun nicht gleichzeitig mit dem
Deckel i auch der Zylindereinsatz herausgeht, muß letzterer immer
sehr fest mit dem jedem Indikator beigegebenen Stiftschlüssel

---

[1]) S. 17.

angezogen werden. Hierauf nimmt man den Kolben mit der Kolbenstange heraus, schiebt die gewählte Feder d (Abb. 2) über die Kolbenstange c und verschraubt ihr unteres Ende e mit der Nabe des Kolbens. Dabei fasse man die Feder nahe an ihrem unteren Ende, um Verbiegungen und Lockerungen der Lötstelle zu vermeiden, und ziehe sie endlich mit der Hand oder, wenn nötig, mit dem Hakenschlüssel an ihrem unteren Lötende fest. Dann schiebt man die Kolbenstange durch den Deckel und verschraubt das obere Ende der Feder mit dem Deckel; hierauf wird die Verbindung mit dem Schreibzeug hergestellt, indem man den Deckel e (Abb. 1) so einschraubt, daß er nur lose auf dem Zylinderende aufliegt, und das Kugelgelenk p wieder mit der Kolbenstange verschraubt. Nach Gebrauch sind die Federn stets sorgfältig abzureiben und einzuölen, damit sie nicht rosten, was auch eine Veränderung des Maßstabes zur Folge haben würde.

Eine neue Schnur wird eingezogen, indem man die Trommel abzieht, die Schnur durch ein passendes Loch der Schnurrille r (Abb. 1) zieht und innen mit einem festen Knoten versieht.

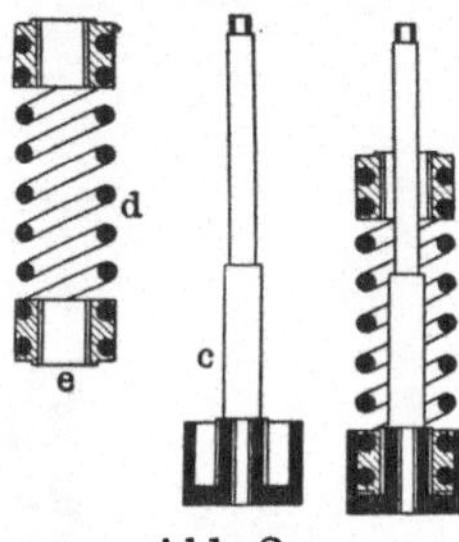

Abb. 2.

Neuere Bauarten besitzen in jeder Schnurrille je einen Schlitz mit einem entsprechend weiten runden Loch, durch das der Knoten von außen eingeschoben wird, ohne daß die Trommel abzunehmen ist.

Das Aufstecken des Papieres erfolgt dadurch, daß man das Papier an einer Schmalseite etwa um 10—15 mm umfaltet, das umgefaltete Ende etwas unter die längere Lamelle der Trommel schiebt, hierauf das Papier um die Trommel legt und das andere Papierende unter die kürzere Lamelle schiebt; dann faßt man das Papier an zwei gegenüberliegenden Seiten und zieht es stramm anliegend auf die Trommel.

Nach beendigter Indizierung ist der Indikator sorgfältig zu reinigen, besonders der Zylindereinsatz, der zu diesem Zweck am besten herausgenommen wird, der Kolben, die Kolbenstange und die Kolbenstangenführung im Deckel. Alle Eisenteile, die der Wirkung des Dampfes ausgesetzt sind, müssen eingeölt werden.

b) Beschreibung und Handhabung des Crosby-Indikators.

Derselbe ist in Abb. 3 dargestellt und unterscheidet sich vom Rosenkranz-Indikator hauptsächlich durch eine andere Anordnung des Schreibzeuges und durch die Feder, welche nur ein Lötende besitzt. Der Indikator hesteht aus dem Zylinder a mit dem Einsatz b, zwischen denen sich ebenfalls ein Dampfmantel befindet, dem Kolben c mit dem geschlitzten Fortsatz l, der Feder d, dem Deckel e, den die Kolbenstange q durchdringt, dem Schreibzeug f mit dem Schreibstift k, dem Trommelarm g und der Papiertrommel h. Zur Erhaltung des atmosphärischen Druckes über dem Kolben sind die Ausblaselöcher i vorhanden.

Das Einsetzen einer neuen Feder geschieht nach Abb. 4 folgendermaßen: Man schiebt das untere Ende der Feder d mit

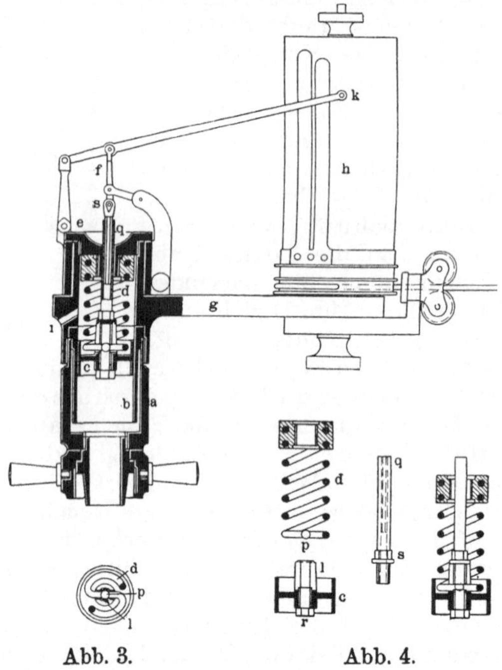

Abb. 3.   Abb. 4.

dem Kugelgelenk p in den Schlitz des Fortsatzes l des Kolbens c, zieht das Schräubchen r etwas zurück, steckt die Kolbenstange q durch die Feder, schraubt ihr unteres Ende durch Anziehen des Sechskantes s mit dem dem Indikator beigegebenen Hohlschlüssel in den Fortsatz l des Kolbens, bis es fest auf letzterem aufliegt; dann klemmt man die Kugel p mittels des Schräubchens r so fest, daß sich das Kugelgelenk gerade noch etwas drehen läßt, ohne jedoch toten Gang zu besitzen. Hierauf steckt man die Kolbenstange durch den Deckel e (Abb. 3) und zieht gleichzeitig die Verschraubung der Feder und die in die Richtung der Kolbenstange fallende Verlängeruug des Schreibzeuges fest. Wenn das Lötende der Feder fest auf der Innenseite des Deckels aufliegt, dreht man den Kolben mit dem Deckel so lange weiter, bis das unterste Gelenk s des Schreibzeuges ebenfalls fest aufsitzt. Hierauf verschraubt man den Deckel mit dem Zylinder. Sollte sich hier beim Indizieren von Kondensationsmaschinen herausstellen, daß die Ausströmlinie zu nahe an den unteren Rand des Diagrammpapieres kommt, dann schraubt man den Deckel samt dem Schreibzeug wieder heraus, dreht den Deckel eine oder zwei Umdrehungen links herum und schiebt dadurch das Schreibzeug etwas nach oben; dann wird der Deckel wieder auf den Zylinder aufgeschraubt.

Im übrigen gilt auch hier das über den Rosenkranz-Indikator Gesagte.

II. Außenfeder-Indikatoren.

Allgemeines: Die innenliegende Feder erwärmt sich häufig beim Gebrauch; ihre Temperatur ist verschieden, je nachdem der Hochdruck- oder Niederdruckzylinder einer Dampfmaschine oder eine Diesel- oder andere Verbrennungskraftmaschine oder eine Pumpe indiziert werden soll. Wird nun der Federmaßstab durch Prüfung[1]) bei Zimmertemperatur festgestellt, so ist dieser Wert nicht mehr richtig, sobald die Feder in warmem Zustand gebraucht wird. Prüft man dagegen die Feder im angewärmten Indikator, so ist es schwierig, die Temperatur zu treffen, die die Feder beim Indizieren annimmt. Die Außenfeder-Indikatoren sind frei von diesen Unsicherheiten, weil sich ihre Federn beim Gebrauch fast gar nicht über die Raumtemperaturen erwärmen.

c) Beschreibung und Handhabung des Maihak-Indikators.

Der in Abb. 5 dargestellte Indikator besitzt eine nach Lösung des Schräubchens a frei abschraubbare, im Betriebe auf Zug beanspruchte Feder, deren oberes Ende einen Kugelknopf enthält und beim Aufschrauben zwischen der geschlitzten Verlängerung der Kolbenstange und dem Schräubchen a festgeklemmt wird. Der Verlängerungsschlitz dreht sich dabei in einem Kugellager, so daß Kolben und Kolbenstange beim Aufschrauben der Feder in Ruhe bleiben. Das Gestänge des Schreibzeuges hat die Grundform des Crosby-Indikators und ist doppelt ausgeführt, damit jeder einseitige Gelenkdruck vermieden wird. Der Deckel b ist

---

[1]) Siehe S. 17.

innen mit einer wärmeabhaltenden Hartgummischeibe c und
außen mit einem grob geriffelten Hartgummiwulst d versehen,
der sich im Betrieb nur wenig erwärmt und daher ein bequemes

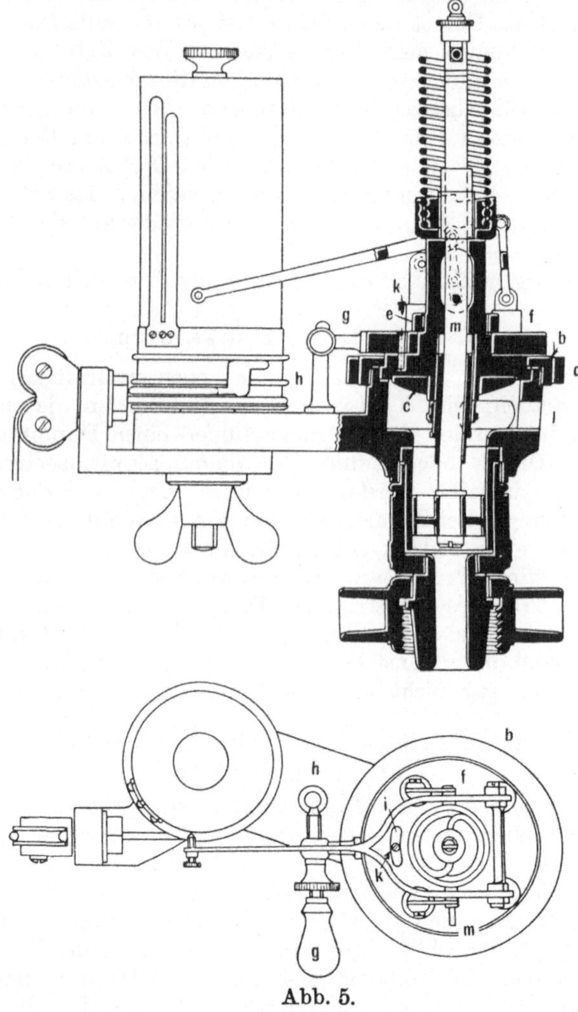

Abb. 5.

Abschrauben gestattet. Auf dem Deckel b ist die mittels der
Sechskantmutter e leicht beweglich befestigte Scheibe f angeordnet,
die den einstellbaren Handgriff g enthält, der sich gegen den An-

schlag h legt. Um das gänzliche Herumschlagen des Schreibzeuges
zu verhindern, besitzt die Scheibe f einen Schlitz i, in dem ein
Stift k sitzt. Nach Lösen des Deckels b kann man die Scheibe
mit dem Schreibzeug vollständig herumdrehen, was besonders
bei wechselndem Gebrauch für Rechts- und Linksmaschinen
angenehm ist. Durch die Öffnungen l wird die Oberseite des
Kolbens mit der Atmosphäre in Verbindung gehalten. Der
Kolben besteht aus Stahl und bewegt sich in einer dampfge-
heizten Büchse. Zur Hubbegrenzung bei sog. Schwachfeder-
diagrammen[1]) und zum Schutz gegen Überspannung der Feder
dient ein verstellbarer Anschlag der Kolbenstange. Die Kolbenstange kann zur Reinigung nach unten herausgezogen werden,
wenn man die Feder abschraubt und den Querstift m seitlich
herauszieht.

Zur Verwendung der Federn für die Indizierung von Kondensationsmaschinen legt man vor dem Aufschrauben der
Feder beigegebene kleine Unterlegscheiben auf den Federträger,
wodurch die atmosphärische Linie höher gerückt wird.

d) Beschreibung und Handhabung des Lehmann-Indikators.

Der Kolben a des in Abb. 6 (auf S. 10) dargestellten Indikators ist aus Stahl und in eine mit Dampfmantel versehene
Büchse b eingeschliffen. Die Kolbenstange kann nach Abschrauben der Schlußschraube d und der Feder e und nach
Lösen der Klemmhülsenschraube f nach unten herausgezogen
werden. Durch Verschieben der Kolbenstange innerhalb der
Klemmhülse ist eine beliebige Einstellung der Höhe der atmosphärischen Linie möglich. Das Schreibzeug ist zur Vermeidung
einseitiger Gelenkdrücke doppelt ausgeführt und zum Schutze
mit einer übergestülpten Hülse g versehen, die mit zwei in
die Seitenteile des Federträgers einschnappenden federnden
Stiften festgehalten wird. Der Zylinderdeckel, der auf Kugeln
läuft, enthält innen eine Ausfüllung und außen einen besonders
breiten, kräftig geriffelten Überzug aus Hartgummi. Dadurch
wird einerseits die Wärmeableitung nach der Feder wirksam
verhindert, andererseits läßt sich der Deckel von dem heißen
Indikator bequem abschrauben. Die Trommel läuft bei n ebenfalls auf Kugeln. Bei länger dauernden Versuchen kann man
durch die Schmierbüchse h Fett an die Reibungsflächen bei i
und k bringen. Die Mitnahme der Trommel durch die Schnur-

---

[1]) Diese entnimmt man von Verbrennungskraftmaschinen, um bei dem
größeren Maßstab die Ansauge- und Ausströmlinie deutlicher zu erkennen.

rille erfolgt durch den einschnappenden, federnden Stift l; den
Anschlag für den Rückgang der Trommel bildet die Schraube m.

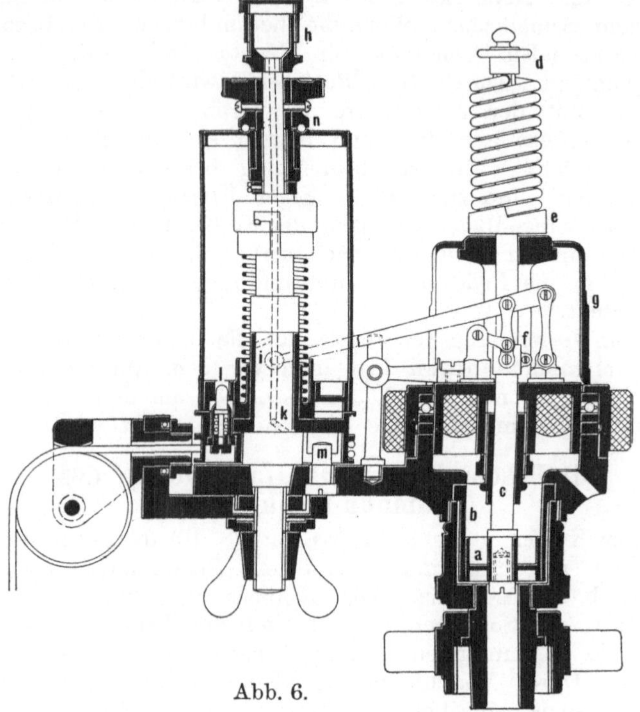

Abb. 6.

e) Beschreibung und Handhabung des Rosenkranzschen Außenfeder-Indikators (Abb. 7).

Der Kolben a ist mit tiefen Nuten als sog. Lamellenkolben
ausgeführt und läuft in einer mit Dampfmantel versehenen aus-
wechselbaren Büchse b. Die tiefen Nuten sollen eine gleichmäßige
Ausdehnung des Kolbens erzielen, eine bessere Abdichtung nach
Art der Labyrinthdichtung bewirken, etwaige Schmutzteilchen
aufnehmen und damit die Reibung verringern. Die Kolbenstange
ist nicht nur im Zylinderdeckel, sondern auch bei c im Boden der
Einsatzbüchse geführt. Das Schreibzeug ist einfach ausgeführt und
durchdringt zur Vermeidung einseitiger Kräfte die Kolbenstange
in einer besonderen Aussparung d. Die Feder e ist eine doppelt
gewundene Druckfeder. Der Federträger f ist mit zwei hohlen
Säulen gg am Deckel befestigt, wodurch die Wärmeübertragung

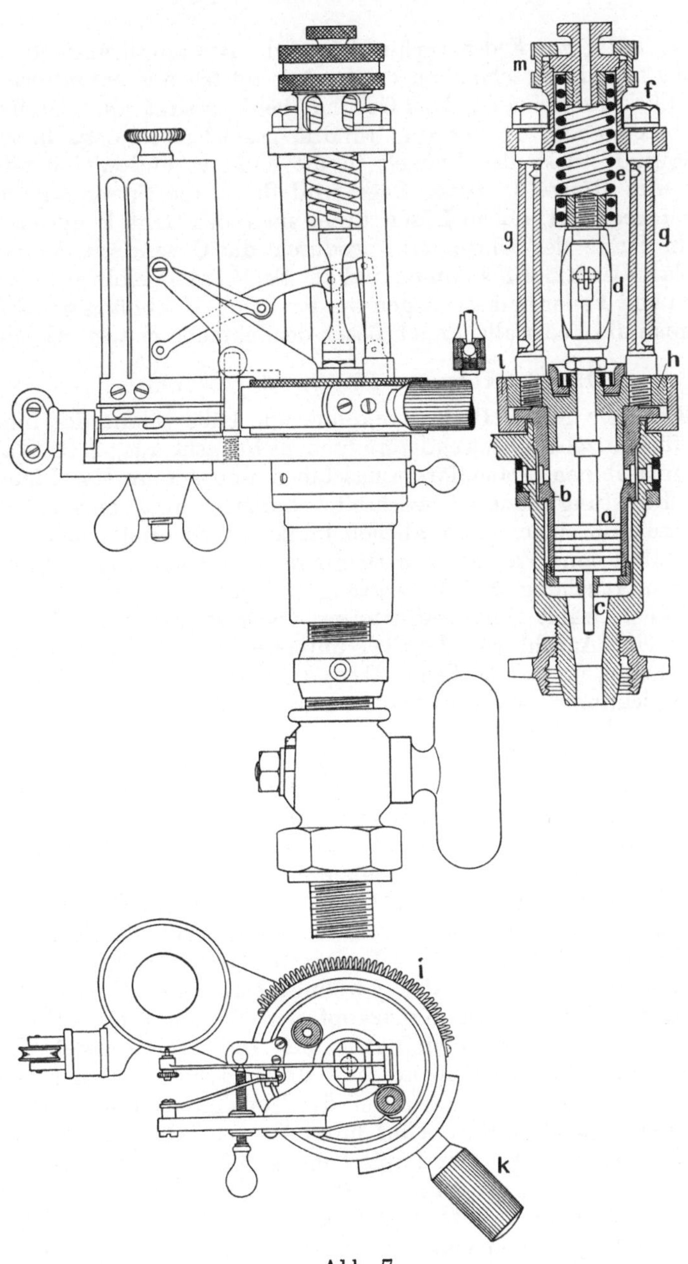

Abb. 7.

vom Zylinder zur Feder verhindert wird. Besonders einfach ist das Lösen und Festschrauben des Deckels mittels des patentierten Augenblicksverschlusses. Das Gewinde bei h besitzt an 3 Stellen Unterbrechungen. In der im Grundriß gezeichneten Lage fassen die Gewindestücke des Deckels in die entsprechenden Gewindestücke des Ringes l. Diese Lage wird durch die Spannung der Feder i gesichert. Beim Lösen dreht man den Griff k um etwa 45° im Sinne des Uhrzeigers, wodurch die Gewindestücke des Deckels außer Eingriff kommen und der Deckel samt Kolbenstange, Kolben und Feder herausgezogen werden kann. Unabhängig davon kann man die Feder allein nach Lösen der Schraube m auswechseln.

III. Indikatoren für Sonderzwecke.

Für viele in der Praxis vorkommende Fälle reicht der Indikator für Einzel-Kolbenwegdiagramme nicht mehr aus, z. B. Walzenzugmaschinen, Dampffördermaschinen und andere Maschinen, deren Belastung dauernd wechselt. Indiziert man eine solche Maschine mit einem gewöhnlichen Indikator, so erhält man auf einem Blatt eine Vielheit von Diagrammen verschiedener Größe, deren Untersuchung und Auswertung fast unmöglich ist. In solchen Fällen wählt man Indikatoren, die gestatten, auf einem Streifen eine Anzahl von deutlich unterscheidbaren Diagrammen aufzunehmen, für die die Firma Dreyer, Rosenkranz u. Droop die Bezeichnung „Wanderdiagramme" eingeführt hat. Die Diagramme liegen je nach Bauart des Indikators entweder nebeneinander oder übereinander verschoben und zwar in geschlossener Form. Doch auch hier wird die Beurteilung und Auswertung manchmal schwierig; dann wendet man solche Indikatoren an, die sämtliche Diagramme in offener Form in einem Linienzug nebeneinander aufzeichnen; außerdem werden diese Diagrammstreifen mittels besonderer elektrischer Vorrichtungen mit Totpunkt- und Sekundenmarken versehen. Will man die Vorgänge im Zylinder zu Anfang und zu Ende jedes Hubes genauer untersuchen, dann versagt auch das gewöhnliche Kolbenwegdiagramm, wenn der Indikator vom Kreuzkopf der Maschine angetrieben wird, weil die Drehgeschwindigkeit der Indikatortrommel proportional der Kolbengeschwindigkeit der Maschine ist und sich daher die Vorgänge in der Nähe der Totlagen auf sehr kurze Wege zusammendrängen. Hier hilft der Indikator für offene Zeitdiagramme ab. Das Papierband wickelt sich mit gleichbleibender Geschwindigkeit ab und die Diagramme erscheinen nebeneinander in offener, allerdings im Vergleich mit den Kolbenwegdiagrammen verzerrter Form.

Das Indizieren von Lokomotiven während der Fahrt, das bei Anwendung von gewöhnlichen Indikatoren mit Gefahren verbunden ist, kann durch Indikatoren von besonderer Bauart vom Führerstand aus erfolgen. Der Indikator schreibt geschlossene, seitlich verschobene Wanderdiagramme für die beiden Kolbenseiten auf einem Blatt. Die Steuerung des Indikatorhahnes erfolgt mittels Zugstange und Drahtseilen. Ein elektrisches Schaltwerk bewirkt das Fortschreiten des Papierstreifens zwischen je zwei Diagrammen, ein zweites elektrisches Schaltwerk das Andrücken des Schreibstiftes [1].

Bei der Indizierung von **Verbrennungskraftmaschinen** oder anderen Maschinen mit hohem Druck setzt man auf die Kolbenstange einen kleinen Kolben, dessen Fläche je nach dem Höchstdruck $1/2$, $1/5$, $1/10$, $1/20$, $1/30$ oder $1/50$ der normalen Fläche beträgt; ferner schraubt man statt der normalen Zylinderbüchse die zu dem gewählten Kolben passende kleinere Büchse ein. Damit vermindert sich der Federmaßstab in demselben Verhältnis wie die Kolbenfläche.

Anbringung der Indikatoren an der Maschine. In Abb. 8 ist die gewöhnliche Art der Anbringung der Indikatoren mit Hubverminderungsrolle dargestellt. In jeden der beiden Indikatorstutzen k (Kurbelseite) und a (Außenseite) wird ein Hahn

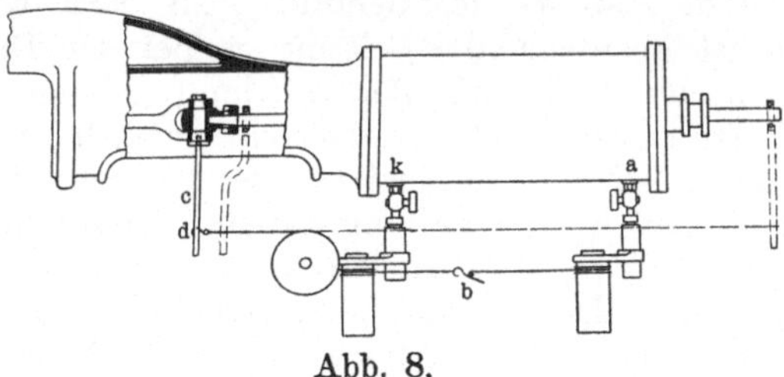

Abb. 8.

eingeschraubt, nachdem man zur Abdichtung um den letzten Gewindegang jedes Hahnes etwas Hanf gewickelt hat; wenn das Gewinde des Indikatorhahnes mit dem Gewinde des Indikatorstutzens nicht übereinstimmt, so müssen Zwischenstücke eingeschaltet werden. An jeden Hahn wird ein Indikator angesetzt, von denen man einen mit der Hubverminderungsrolle versieht. Der Antrieb der letzteren erfolgt durch einen in den Kreuzkopf der Maschine eingeschraubten Mitnehmer c, mit welchem die Schnur mittels des Hakens d verbunden wird. Die Verbindung

---

[1] Bezüglich der Ausführung aller Indikatoren für Sonderzwecke sei auf die Drucksachen von Dreyer, Rosenkranz u. Droop verwiesen.

der beiden Indikatoren geschieht durch den in Abb. 9 besonders
dargestellten Schnurspanner b. Wenn der Kreuzkopfzapfen keine
Bohrung für den Mitnehmer besitzt und wegen zu großer Härte
nicht angebohrt werden kann, verwendet man als Mitnehmer
ein mittels einer Schelle entweder vorn oder hinten an die Kolbenstange geklemmtes Flacheisen; dabei ist durch etwaige Abkröpfung
dafür zu sorgen, daß beim Gang der Maschine das Flacheisen
nirgends anstößt. Für alle Fälle empfiehlt es sich, nach der Anbringung des Mitnehmers die Maschine einmal herumzuschalten.

Das Ansetzen der Indikatoren selbst kann während des
Ganges der Maschine erfolgen, wobei sich die Einhaltung nach-
stehender Reihenfolge der Arbeiten bewährt hat: Die Indikatoren,
von denen man den vorderen oder den hinteren mit der Hubrolle

Abb. 9.   Abb. 10.

verschraubt, werden mit den Hähnen verbunden; hierauf steckt
man das dem Maschinenhub entsprechende Röllchen auf die
Hubrolle und wickelt die Schnur des Indikators einmal um das
Röllchen, bevor man sie festklemmt. Ein etwa vorstehendes
Schnurende ist abzuschneiden, damit es bei der Drehung der
Hubrolle nicht unter die auflaufende Schnur gelangt und so die
Diagrammlänge fälscht. Dabei sieht man nach, in welcher Richtung sich das Röllchen beim Anziehen der Hubrolle dreht; ferner
beachte man, daß so viel Schnur auf die Schnurrille des Indikators aufgewickelt ist, daß die Trommel eine volle Umdrehung
beschreiben kann. Die Schnur muß dabei tangential von der
Schnurrille ablaufen, wie in Abb. 10a dargestellt ist, und darf
nicht etwa die Lage b annehmen, welche ein zu kurzes und ver-
zerrtes Diagramm ergeben würde. Ist der mit der Hubrolle ver-
bundene Indikator vollständig in Ordnung, dann schließt man
mittels des Schnurspanners den zweiten Indikator an, um dessen
Rille ebenfalls so viel Schnur gewickelt sein muß, daß seine
Trommel eine volle Umdrehung machen kann und die Schnur stets
tangential abläuft. Die Verbindungsschnur ist stets etwas ge-
spannt zu halten und darf über keinen Indikator- oder Maschinenteil hinweggleiten; deshalb muß der zweite Indikator häufig nach
oben oder unten gedreht werden. Von der Hubrolle muß die
Schnur so ablaufen, daß ihr Ablaufpunkt in gleicher Höhe mit
dem Mitnehmer liegt, die Schnur also parallel zur Kolbenstange

läuft. Läßt sich diese Bedingung nicht erfüllen, so sucht man
die Schnurlänge vom Mitnehmer bis zur Hubrolle möglichst groß
zu nehmen, indem man die Hubrolle nach hinten verlegt; dadurch wird der durch schräge Lage sich ergebende Fehler der Schnur
vermindert. Den Haken für den Mitnehmer befestigt man so
an der Schnur, daß er bei der hinteren Totlage der Maschine noch
etwas Abstand vom Mitnehmer besitzt; vor dem Einhängen pro-
biert man, ob er etwas über die vordere Totlage der Maschine
hinausgelangen kann. Hierauf hängt man den Haken ein und
überzeugt sich durch Befühlen der Trommeln, ob keine Indikatortrommel anstößt; ferner sieht man nach, ob nicht etwa Schnüre
übereinander laufen, oder sich an Maschinen- oder Indikatorteilen
reiben, oder nach Abb. 10 b ablaufen. Dann schmiert man die
Trommel- und Hubrollenachse mit Knochenöl und beginnt mit dem
Einsetzen der Federn und der Schreibzeuge. Man bläst beide Indikatoren durch Öffnen der Hähne gut aus[1]), bringt etwas Zylinderöl
auf die Kolben und setzt dieselben mit den gewählten Federn
und den Schreibzeugen ein. Hierauf läßt man die Schreibzeuge
durch Öffnen der Hähne auf und ab spielen und schmiert dabei
die Kolbenstangen mit Knochenöl. Dann stellt man den Handgriff des Schreibzeuges so ein, daß der Stift die Trommel sanft
berührt, und zieht das Papier auf. Vor der Entnahme jedes Dia-
grammsatzes läßt man erst das Schreibzeug einige Male spielen,
um die Feder und den Indikator in Wärme-Beharrungszustand
zu bringen; hierauf schreibt man das Diagramm und dann nach
dem Schließen des Hahnes die atmosphärische Linie.

Bei großem Maschinenhub und bei höheren Umdrehungszahlen bereitet das Einhängen des Schnurhakens in den Mitnehmer Schwierigkeiten. Manche Indikatoren besitzen deshalb
besondere Anhaltevorrichtungen, welche gestatten, das Papier
abzuziehen und aufzustecken, ohne den Schnurhaken auszuhängen. Dabei läuft jedoch der ganze Mechanismus während
der ganzen Versuchsdauer mit und nutzt sich dadurch weit mehr
ab, als wenn er nur während der Entnahme der Diagramme zu
laufen braucht. Man pflegt deshalb bei großen Maschinenhüben
und hohen Umdrehungszahlen Hebelübertragungsvorrich-
tungen anzuwenden. Bei einer vollkommenen Hebelübertragung[2])
muß die Übertragung des Kreuzkopfes in kleinerem Maßstab
genau nachgebildet werden. Solche Vorrichtungen sind ziemlich umständlich und kostspielig und müssen sehr genau ange-

---

[1]) Beim Indizieren von Verbrennungskraftmaschinen und Kältema-
schinen ist das Ausblasen zu unterlassen, bei Pumpen unzweckmäßig.

[2]) Zeitschrift des Bayer. Revisions-Vereines, 1902, S. 150.

paßt werden. Man nimmt deshalb häufig der Einfachheit wegen
einen praktisch belanglosen Fehler in den Kauf und wendet in
allen Fällen, in denen die Erreichung des höchstmöglichen Ge-
nauigkeitsgrades nicht notwendig ist, vereinfachte Hebelüber-
tragungen an. Eine bewährte Vorrichtung für liegende Maschinen
ist in Abb. 11 dargestellt. Ein um einen
festen Punkt a drehbarer Hebel b greift
mit seinem unteren geschlitzten Ende

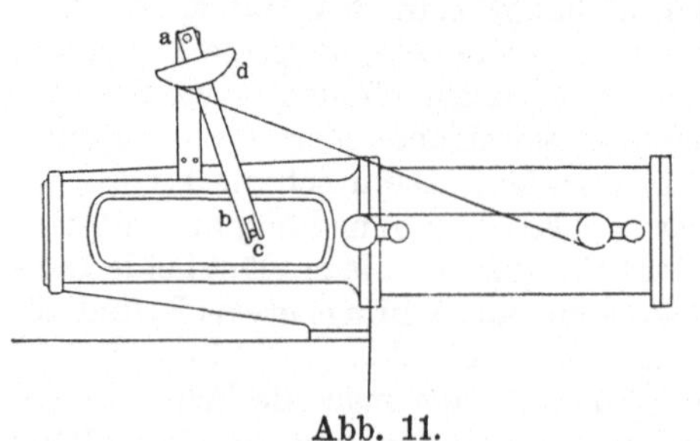

Abb. 11.

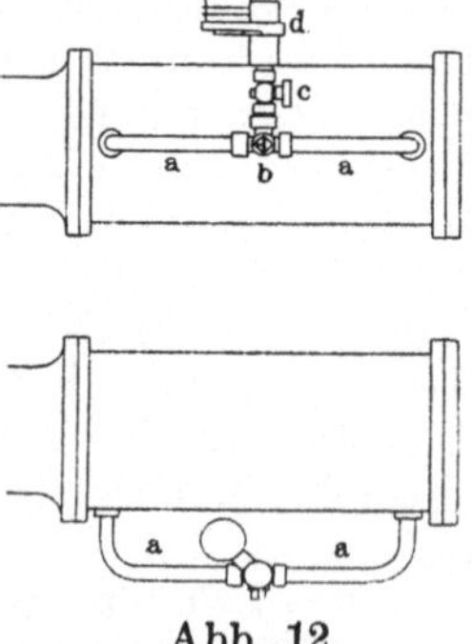

Abb. 12.

ohne toten Gang in den mit dem Kreuzkopf verbundenen Mitnehmer c und trägt ein Holzsegment d, dessen Radius dem
Maschinenhub und der Diagrammlänge entsprechend bemessen ist
und an welchem die Indikatorschnur so eingehängt wird, daß sie stets tangential abläuft.

Abb. 12 zeigt eine Einrichtung, welche
man dann verwendet, wenn nur ein Indikator zur Verfügung steht. An die beiden
Indikatorstutzen kommen zunächst zwei Rohr-
krümmer a a von etwa 20 mm lichter Weite,
welche durch einen Dreiwegehahn b verbunden werden; an diesen Dreiwegehahn
setzt man, wenn erforderlich unter Verwendung eines passenden Zwischenstückes,
den Indikatorhahn c mit dem Indikator d.
Kurbel- und Außenseite der Maschine werden abwechselnd indiziert. Die Diagramme

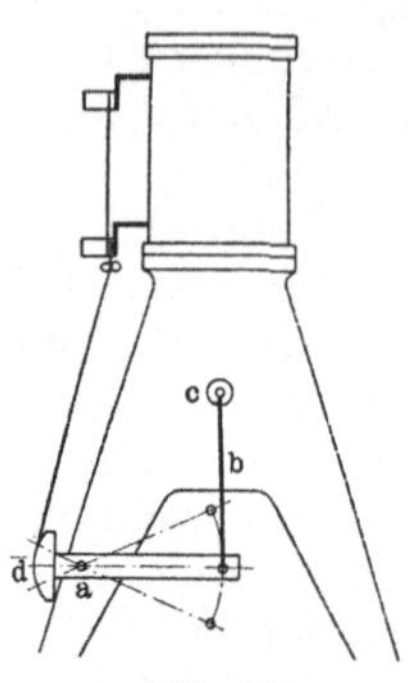

Abb. 13.

beider Kolbenseiten können entweder gekreuzt auf einem
Blatt oder, wie sonst üblich, getrennt geschrieben werden.

Eine Hebelvorrichtung für stehende Maschinen ist in Abb. 13
abgebildet. Ein um einen festen Punkt a schwingender Hebel ist
mittels des Stängchens b mit dem Mitnehmer c des Kreuzkopfes
verbunden und am anderen Ende mit einem Holzsegment d versehen, in welches die Indikatorschnur eingehakt wird. Diese Art

der Verbindung mit dem Kreuzkopf kann natürlich auch bei der in Abb. 11 dargestellten Einrichtung angewandt werden.

Allgemeines. Als Indikatorschnur ist nur geflochtene und gewachste, sog. Angelschnur, auf keinen Fall gewöhnlicher Bindfaden zu verwenden. Da die Schnüre sich im Gebrauch dehnen, ist es bei Garantieversuchen zweckmäßig, neue Schnüre vorher einige Tage hindurch mittels Gewichtsbelastung zu strecken. Drähte sind zum Indikatorantrieb nicht zu empfehlen[1]).

Da manche Indikatoren mit Blei- und Metallstiften, andere nur mit Metallstiften versehen sind, seien einige praktische Erfahrungen mit beiden Arten von Spitzen wiedergegeben.

Metallstifte haben den Vorteil, daß sie lange Zeit hindurch nicht nachgespitzt zu werden brauchen und nicht abbrechen, dagegen den Nachteil, daß ihre Verwendung besonderes, teures, sog. Metallpapier erfordert und daß die mit ihnen geschriebenen Diagramme nach einiger Zeit fast bis zur Unleserlichkeit verschwinden, besonders wenn man sich bemüht hat, durch recht sanftes Andrücken des Schreibstiftes feine Diagrammlinien zu bekommen. Bei zu scharfer Spitze reißt das Papier leicht ein.

Bleistiftspitzen, deren Härte etwa Nr. 4 entsprechen soll, müssen zur Erzielung sauberer Diagramme häufig nachgeschärft werden und brechen bei unvorsichtiger Handhabung leicht ab; dagegen haben sie den Vorteil, daß man jedes beliebige Papier verwenden kann und daß die damit geschriebenen Diagramme unbegrenzt haltbar sind. Die Schreibzeuge mancher Indikatoren sind nicht gerade bequem zum Einschrauben von Bleistiften eingerichtet. Mustergültig ist in dieser Beziehung das Schreibzeug des Rosenkranz-Indikators, das in gleich praktischer Weise die Anwendung von Metall- wie von Bleistiften gestattet. Wer auf die Verwendung von Bleistiften Wert legt, stellt der Indikatorfirma zweckmäßig die Bedingung, daß das Schreibzeug mit bequem einsetzbaren Bleistiften versehen wird.

Prüfung der Indikatorfedern. Für Versuche, bei denen auf besondere Genauigkeit Wert zu legen ist, z. B. Garantieversuche, sind nur geprüfte Federn zu verwenden. Es empfiehlt sich überhaupt, den Maßstab einer Feder von Zeit zu Zeit festzustellen, weil er sich bei längerem Gebrauch allmählich ändert; eine plötzliche bedeutende Änderung läßt auf die Lockerung einer Lötstelle oder auf einen beginnenden Bruch schließen.

Der Verein Deutscher Ingenieure hat nach mehrjährigen Vorarbeiten seiner Federprüfungskommission im Einvernehmen

---

[1]) Dreyer, Rosenkranz und Droop empfehlen neuerdings Schnüre mit Drahteinlage.

mit der Physikalisch-technischen Reichsanstalt folgende Bestimmungen über die Feststellung der Maßstäbe für
Indikatorfedern aufgestellt:

1. Jeder Indikator, dessen Federn geprüft werden sollen, ist
   vorher auf seinen Zustand, insbesondere hinsichtlich Kolben-
   reibung, Dichtheit und auf toten Gang des Schreibzeuges
   zu untersuchen.
2. Die Indikatorfedern sind durch Gewichtsbelastung zu prüfen.
3. Die Federn sind in Verbindung mit dem Schreibzeug zu prüfen.
4. Jede Feder, die beim Gebrauch des Indikators höhere
   Temperaturen annimmt, ist im allgemeinen kalt und warm,
   und zwar bei etwa 20° C (Zimmertemperatur) und bei
   100° C[1]) zu prüfen.
5. Die Federn sind mit mehrstufiger Belastung zu prüfen, und zwar
   in mindestens 5 Stufen oberhalb der atmosphärischen Linie
   und in wenigstens 3 Stufen unterhalb derselben. In den Prüf-
   schein sind alle Einzelwerte der Untersuchung aufzunehmen.
6. Der Durchmesser des Indikatorkolbens wird bei Zimmertemperatur gemessen.

Die Ausführung einer Federprüfung[2]) geschieht in folgender
Weise: Der Indikator mit Feder und Schreibzeug wird an einem
Gestell[3]) vertikal befestigt; auf die Trommel zieht man ein Dia-
grammblatt und schreibt durch Anziehen der Indikatorschnur
und Andrücken des Schreibzeuges die atmosphärische Linie.
Hierauf wird am Ende der Kolbenstange des Indikators ein Bügel
festgeklemmt, der als untere Fortsetzung eine senkrechte Stange
zur Aufnahme der Belastungsgewichte trägt. Diese werden unter
Berücksichtigung des Gehängegewichtes so bemessen, daß sie in
regelmäßiger Abstufung eine Steigerung erfahren, welche einer
Zunahme des beim Indizieren auf den Indikatorkolben treffenden
Gesamtdruckes von je 1 at. oder einem bestimmten Bruchteil
einer Atmosphäre entspricht. Bei einem Kolbendurchmesser von
20 mm sind demnach für je 1 at. 3,14 kg aufzulegen. Für
die einzelnen Belastungsstufen werden unter Erschütterung des
Indikators durch Klopfen mit einem Holzhammer wagerechte
Diagrammlinien gezogen. Die Untersuchung wird mit abnehmen-
der Belastung wiederholt. Zeigt sich dabei zu große Reibung,
dann kann der Kolben herausgenommen werden; die Kolben-

---

[1]) Geschieht durch Anwärmen mit Dampf.

[2]) Näheres siehe Zeitschrift des Bayer. Revisions-Vereines, 1901,
S. 64, 76 und 94; 1905, S. 218; 1906, S. 96.

[3]) Zu beziehen von Dreyer, Rosenkranz & Droop in Hannover
und einigen anderen Firmen für Indikatorbau.

stange ist dann durch eine andere zu ersetzen, welche so eingerichtet ist, daß die Feder mit ihr fest verbunden werden kann.

Wenn der Hub des Schreibstiftes genau proportional der
Zusammendrückung der Feder ist, und wenn der Maßstab der
Feder, d. h. der Hub des Schreibstiftes für jede Atmosphäre
Druckänderung, bei jedem Druck derselbe ist, dann besitzen die
horizontalen Diagrammlinien genau gleiche Abstände. Da dies je-
doch nur in Ausnahmefällen zutreffen wird, muß man aus den
Ergebnissen der Prüfung den mittleren Maßstab berechnen.
Sind die Abweichungen nicht zu groß, dann kann man den mittleren Maßstab erhalten, wenn man den Abstand zwischen der
atmosphärischen und der obersten Diagrammlinie durch den zugehörigen Druck in Atmosphären dividiert. Beträgt z. B. dieser
Abstand 65,3 mm und entspricht die Summe der angehängten
Gewichte einem Druck von 8,0 at., dann ist der mittlere Maßstab $f = \dfrac{65,3}{8} = 8{,}16$ mm/kg/qcm. Federn mit erheblichen Abweichungen der Linienabstände sollen bei genauen Versuchen
nicht verwendet werden. Gebraucht man sie bei Versuchen, für
welche eine mäßige Genauigkeit genügt, dann reicht dieses Verfahren ebenfalls zur Berechnung des mittleren Maßstabes aus.

Beurteilung der Diagramme und Einstellen der Steuerung.
In Abb. 14 ist das normale Diagramm einer **Einzylinder-Auspuffmaschine** dargestellt. Die Begriffe: theoretische Füllung,
wirkliche Füllung, Vor-
austritt, Gegendruck,
Kompression, Anfangs-
druck, schädlicher
Raum s′ ergeben sich
aus der Abbildung. Da-
zu kommt noch der
Dampfvoreintritt, der
sich jedoch in den mei-
sten Diagrammen nicht
oder nur sehr wenig
bemerkbar macht, weil

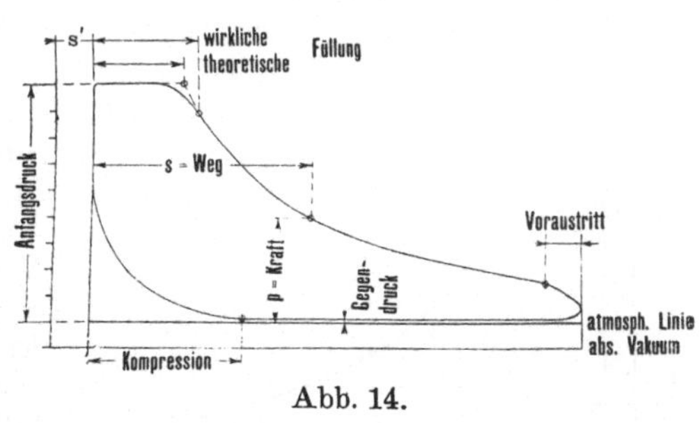

Abb. 14.

er kurz vor der Totlage erfolgt. Abb. 15 zeigt das normale Diagramm einer **Verbundmaschine mit Kondensation.** Abweichungen von diesen Diagrammformen können verursacht sein:

1. durch Fehler des Indikators und seiner Anbringungs- und
   Bewegungsvorrichtungen;
2. durch Fehler in der Dampfverteilung der Maschine.

Beide Gruppen von Fehlern sind scharf auseinander zu halten.

Im folgenden werden einige Diagrammfehler gezeigt, welche im Indikator, seiner Anbringung und seinem Antrieb begründet sind.

Abb. 16 stellt ein Diagramm dar, das entsteht, wenn die Indikatorschnur zu lang ist, die Indikatortrommel also auf einer Seite anstößt. Die Diagrammfläche erscheint dadurch um das schraffierte Stück zu klein.

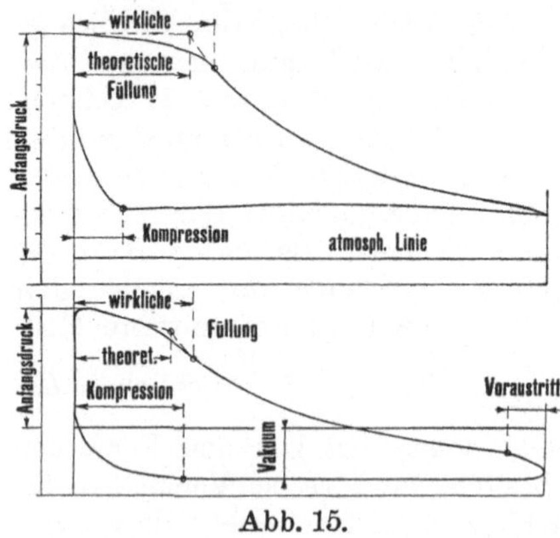

Abb. 15.

Abb. 17 zeigt ein Diagramm, bei dessen Entnahme die Indikatortrommel auf der anderen Trommel angestoßen hatte.

Allgemein ist zu bemerken: Wenn ein Diagramm an einem seiner beiden Enden scharfe Ecken ohne abgerundete Übergänge zeigt, kann man in den meisten Fällen auf ein Anstoßen der Indikatortrommel schließen, welcher Fehler natürlich vor der Entnahme weiterer Diagramme durch Veränderung der Schnurlängen oder auch durch Einsetzen eines kleineren Hubröllchens zu beseitigen ist.

In Abb. 18 ist ein Diagramm dargestellt, welches ein Indikator liefert, dessen Kolben zu große Reibung besitzt; die Expansionslinie zeigt die Bildung von sog. Treppen, welche manchmal auch bei der Kompressionslinie auftreten. Kennzeichnend für ein derartiges Diagramm ist der nahezu senkrechte Absatz am Ende der Füllung. Der Indikatorkolben bleibt infolge seiner großen Reibung so lange in seiner obersten Lage, bis der Druck unter ihm genügend weit gesunken ist.

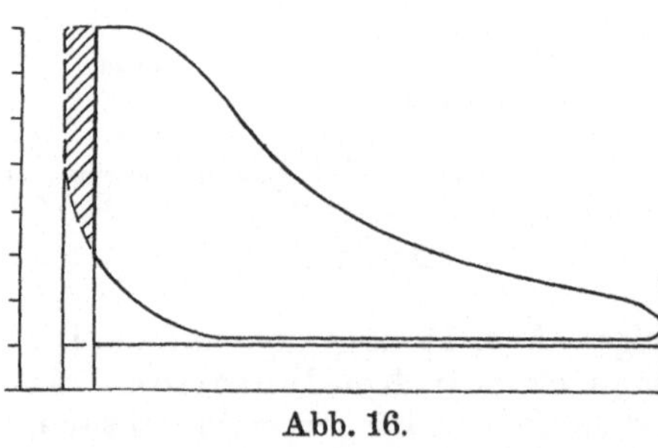

Abb. 16.

Läßt sich die Treppenbildung durch Reinigung des Indikatorzylinders und Kolbens auch bei reichlicher Schmierung nicht beseitigen, so ist der Indikator für genaue Versuche unbrauchbar.

Mit der Treppenbildung nicht zu verwechseln ist das Auftreten von regelmäßigen, allmählich ausklingenden Schwingungen, wie sie Abb. 19 zeigt. Solche Schwingungen entstehen am Anfang des Diagrammes besonders dann, wenn keine Kompression vorhanden ist, der Druckwechsel also plötzlich erfolgt, und bei hohen Umdrehungszahlen und sind Kennzeichen eines guten, besonders reibungsfrei arbeitenden Indikators; sie erschweren jedoch die Beurteilung der Expansionslinie und das Planimetrieren. Will man sie verringern oder ganz vermeiden, dann braucht man nur eine stärkere Feder einzusetzen. Außerdem zeigt Abb. 19 eine eigentümliche Ecke bei a, welche davon herrührt, daß ein Kolbenring der Maschine gegen Ende des Hubes über die Indikatorbohrung im Zylinder hinausglitt und dadurch den Weg des Dampfes zum Indikatorzylinder abschnitt.

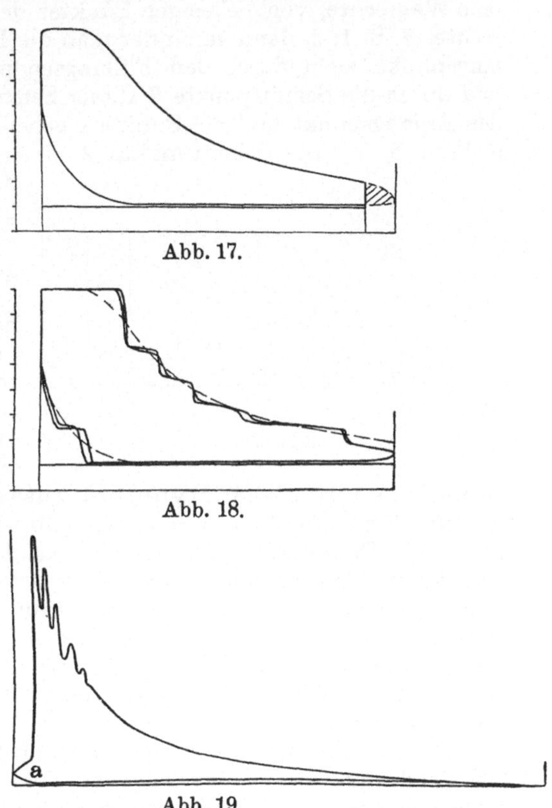

Abb. 17.

Abb. 18.

Abb. 19.

Nun folgen einige Diagramme, deren Fehler durch Mängel in der Dampfverteilung verursacht sind.

Abb. 20 zeigt das Diagramm einer Einzylindermaschine ohne Kondensation, deren Schieber undicht sind. Die Undichtheit von Steuerorganen, soweit sie den Dampfeinlaß beeinflussen, erkennt man aus dem Diagramm, wenn man in dasselbe vom Füllungsendpunkt aus eine gleichseitige Hyperbel (von manchen auch fälschlich **Mariottesche Linie** genannt) einzeichnet. Zu diesem Zweck zieht man im Abstand des schädlichen Raumes von der Anfangsordinate eine Senkrechte, dann um den Federmaß-

stab von der atmosphärischen Linie entfernt die absolute Vakuum-
linie und bezeichnet den Schnittpunkt beider als den Anfangspunkt. Durch den Endpunkt der wirklichen Füllung zieht man
eine Wagrechte, von beliebigen Punkten derselben mehrere Senkrechte, z. B. 1, 2, dann verbindet man die Punkte 1 mit dem Anfangspunkt, zieht durch den Füllungsendpunkt eine Senkrechte
und durch die Schnittpunkte 3 dieser Senkrechten mit den durch
den Anfangspunkt und die Punkte 1 gehenden Strahlen die Wagrechten 3, 2. Die Schnittpunkte 2 dieser Wagrechten mit den
durch die Punkte 1
gehenden Senkrechten
sind die Punkte der
gesuchten Hyperbel.

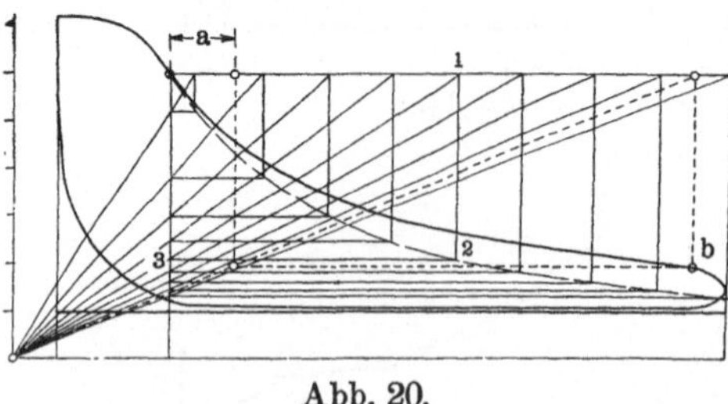

Abb. 20.

Die Erfahrung hat
nun gezeigt, daß bei
einer mit gesättig-
tem Dampf arbei-
tenden Maschine bei
dichten Steuerungs-
organen die Expan-
sionslinie mit dieser Hyperbel zusammenfällt. Erhebt
sich die Expansionslinie, wie in Abb. 20, über die Hyperbel, so
tritt mehr Dampf hinter den Kolben, als der Füllung entspricht;
man kann demnach mit Bestimmtheit auf eine Undichtheit der
Dampf-Einlaßorgane schließen. Konstruiert man aus dem Ex-
pansionsendpunkt b nach dem oben angegebenen Verfahren den
zugehörigen Füllungsendpunkt rückwärts, so findet man, daß
durch die Undichtheit die eingetretene Dampfmenge um das
Maß a vergrößert ist.

Bei Betrieb mit überhitztem Dampf fällt die Expansionslinie steiler aus als die eingezeichnete Hyperbel, und zwar um so
steiler, je höher die Dampftemperatur ist. Verläuft dagegen die
Expansionslinie bei gesättigtem Dampf wesentlich unterhalb
der Hyperbel, so kann man bei Schiebermaschinen auf Undichtheit des Kolbens, bei Ventilmaschinen auf Undichtheit des
Kolbens oder der Auslaßventile schließen. Sind Kolben und
Schieber zugleich undicht, dann kann die Hyperbel oberhalb
oder unterhalb der Expansionslinie liegen.

Aus diesem Grunde ist der **unmittelbaren Dichtheitsprüfung**
der Vorzug zu geben. Um die Schieber oder die Einlaßorgane
auf Dichtheit zu prüfen, bringt man die Maschine in eine solche
Stellung, daß der Kolben von seiner Totlage aus einen größeren
Weg zurückgelegt hat, als der größten Füllung entspricht, spreizt

das Schwungrad ab und öffnet das Anlaßventil und auf der zugehörigen Kolbenseite den Indikatorhahn. Da bei dieser Kolbenstellung die Steuerung so steht, daß weder Dampf in den Zylinder eintreten, noch aus dem Zylinder austreten kann, darf auch aus dem Indikatorhahn kein Dampf entweichen, wenn die Einlaßorgane dicht sind. Die Prüfung wird zweckmäßig auf der anderen Kolbenseite wiederholt. Zur Prüfung des Kolbens auf Dichtheit nimmt man den hinteren (oberen) Zylinderdeckel heraus und schaltet die Maschine in die vordere (untere) Totlage. Da bei dieser Kolbenstellung die Steuerung den Dampfzutritt schon freigibt, der schädliche Raum auf der Kurbelseite also nach Öffnen des Anlaßventiles mit hochgespanntem Dampf gefüllt ist, macht sich eine Undichtheit des Kolbens durch Austreten von Dampf am Umfang des Kolbens bemerkbar. Gleichzeitig läßt sich auch eine etwaige Undichtheit der Einlaßorgane erkennen.

Die folgenden Diagrammfehler sind durch unrichtige Stellung der Steuerungsorgane infolge Abnützung äußerer Steuerungsteile oder verkehrter Einstellung verursacht. Diese Ursachen haben teils verspätetes, teils verfrühtes Eintreten der 4 Steuerungsmomente: Füllungsschluß, Voraustritt, Kompressionsanfang und Voreintritt zur Folge. Im allgemeinen hat man bei der Einstellung von Ventilsteuerungen größere Freiheit als bei der von Schiebersteuerungen, weil bei letzteren die Änderung eines Steuerungsmomentes andere mit beeinflußt; ferner läßt sich der gleiche Fehler, z. B. verspäteter Dampfeintritt oder verspäteter Dampfaustritt, wenn er auf beiden Kolbenseiten bemerkbar ist, bei einer Schiebersteuerung nicht einfach durch Verschieben des Grundschiebers beseitigen, sondern nur durch Änderung der Überdeckungen, wenn dies überhaupt möglich ist, oder durch Änderung des Voreilwinkels, also andere Aufkeilung des Exzenters. Ist bei einer Doppelschiebersteuerung außer einem oder mehreren Fehlern in den vom Grundschieber beeinflußten Steuerungsmomenten: Voreintritt, Voraustritt und Kompression noch eine Ungleichheit der Füllung auf beiden Kolbenseiten vorhanden, dann muß man mit der Richtigstellung des Grundschiebers beginnen, weil dabei der Grundschieber seine relative Lage zum Expansionsschieber ändert und dadurch die Ungleichheit der Füllung von selbst sich entweder mildert oder verstärkt; dann erst stellt man den Expansionsschieber richtig.

In der folgenden Tafel sind die hauptsächlichsten Diagrammfehler und die Maßnahmen zur Abhilfe bei einer Doppelschiebersteuerung mit äußerer Einströmung angegeben (S. 24).

Tafel zur Einstellung einer Doppelschiebersteuerung.

Steue-rungs-moment	Fehler	Kolben-seite	Abhilfe	Gleichzeitige Beeinflussung:			
				Vergrößerung		Verkleinerung	
				KS	AS	KS	AS
VE	zu früh	KS	Grundschieberstange verkürzen	VA	VE, Ko	Ko	VA
„	„ spät	„	„ verlängern	Ko	VA	VA	Ko, VE
„	„ früh	AS	„ „	VE, Ko	VA	VA	Ko
„	„ spät	„	„ verkürzen	VA	Ko	VE, Ko	VA
VA	„ früh	KS	„ verlängern	VE, Ko	VA	—	Ko, VE
„	„ spät	„	„ verkürzen	—	Ko, VE	VE, Ko	VA
„	„ früh	AS	„ „	VA	Ko, VE	VE, Ko	—
„	„ spät	„	„ verlängern	VE, Ko	—	VA	Ko, VE
Ko	„ groß	KS	„ verkürzen	VA	VE, Ko	VE	VA
„	„ klein	„	„ verlängern	VE	VA	VA	Ko, VE
„	„ groß	AS	„ „	VE, Ko	VA	VA	VE
„	„ klein	„	„ verkürzen	VA	VE	VE, Ko	VA
Ex	„ groß	KS	Exp.-Schieberstange „	—	—	—	—
„	„ klein	„	„ verlängern	—	—	—	—

Abkürzungen: VE = Voreintritt.   Ex = Füllung.
VA = Voraustritt.   KS = Kurbelseite.
Ko = Kompression.   AS = Außenseite.

Die Tafel enthält auch die durch die Beseitigung eines Fehlers eintretenden Nebenwirkungen, z. B. aus der 1. Zeile geht hervor, daß bei verfrühtem Dampfeintritt auf der Kurbelseite die Grundschieberstange zu verkürzen ist; gleichzeitig wird jedoch auf der Kurbelseite der Voraustritt und auf der Außenseite der Voreintritt und die Kompression vergrößert, auf der Kurbelseite die Kompression und auf der Außenseite der Voraustritt verkleinert. Wenn man also den verfrühten Dampfeintritt auf der Kurbelseite verbessern will, dann müssen diese Steuerungsmomente diese Veränderungen vertragen können, ohne daß neue Fehler in das Diagramm hineinkommen.

Für Schieber mit innerer Einströmung gilt in bezug auf die Worte „verlängern" und „verkürzen" sinngemäß das Umgekehrte. Im Zweifelsfalle mache man eine Probe mit einem Zeunerschen oder Müllerschen Schieberdiagramm.

Die Formen von fehlerhaften Diagrammen sind aus den Abbildungen auf S. 26 ersichtlich.

Abb. 21 zeigt das Diagramm einer Einzylinder-Auspuffmaschine, bei der auf der Kurbelseite die Dampfeinströmung zu früh, die Dampfausströmung verspätet erfolgt. Dieser Fehler, der durch unrichtige Stellung des Grundschiebers verursacht ist, wird durch Verkürzen der Grundschieberstange beseitigt.

Das in Abb. 22 dargestellte Diagramm wurde dem Hochdruckzylinder einer Verbundmaschine mit Ventilsteuerung entnommen, deren Steuergestänge so stark abgenutzt war, daß die Dampfeinströmung verspätet erfolgte und einen erheblichen Arbeitsverlust verursachte. Nach der Einstellung der Steuerung ergab sich das gestrichelte Diagramm.

Das Diagramm der Abb. 23 entstammt dem Niederdruckzylinder einer Verbundmaschine, bei welchem ein Einlaßventil undicht war; dadurch konnte auch während der Ausströmperiode Dampf nachströmen, wodurch das Vakuum bedeutend verringert und zugleich die Kompression übermäßig erhöht wurde.

Die beiden Abb. 24 und 25 zeigen die Diagramme einer Einzylinder-Auspuffmaschine mit Schiebersteuerung, die zwar auf beiden Kolbenseiten annähernd richtig eingestellt ist, wenn man von der Ungleichheit der Füllung absieht; jedoch sind die Steuerungskanäle zu eng bemessen, deshalb erfährt der Dampf beim Eintritt eine starke Drosselung und er verläßt die Maschine mit zu hohem Gegendruck.

In Abb. 26 ist das Diagramm des Hochdruckzylinders einer Verbundmaschine dargestellt; die Expansions- und die Austrittslinie bilden eine Schleife, die davon herrührt, daß die

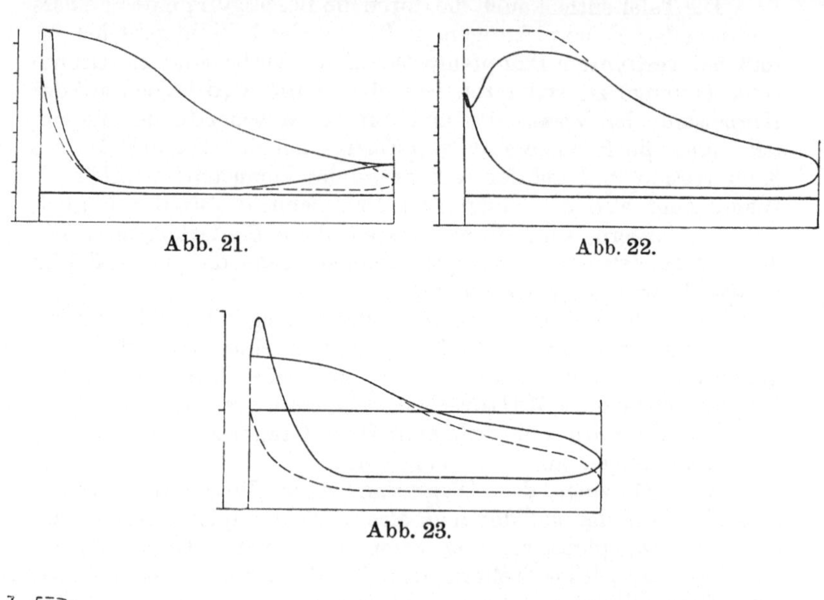

Abb. 21.

Abb. 22.

Abb. 23.

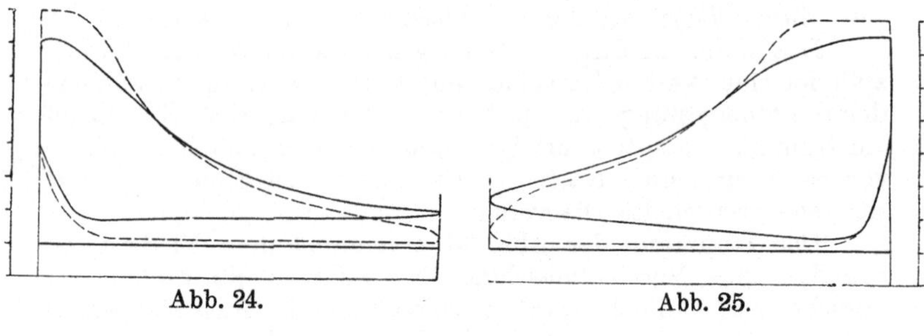

Abb. 24.

Abb. 25.

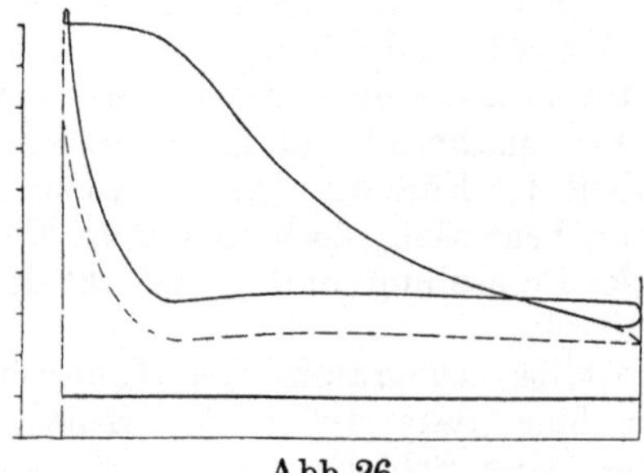

Abb. 26.

Füllung des Niederdruckzylinders zu klein eingestellt ist und dadurch sich der Aufnehmerdruck erhöht; der hohe Aufnehmerdruck hat zugleich ein Hinaustreten der Kompressionslinie über die Eintrittslinie zur Folge. Durch Vergrößerung der Füllung des Niederdruckzylinders läßt sich das gestrichelte Diagramm erzielen.

Zweiter Abschnitt.

Die Ermittlung der indizierten Leistung N_i.

Unter der indizierten Leistung versteht man die sekundlich an den Dampfkolben abgegebene mittlere Arbeit.

In Abb. 27 ist das normale Diagramm einer Einzylinder-Auspuffmaschine nochmals dargestellt. Die Abszisse s jedes Diagrammpunktes bedeutet den jeweiligen Kolbenweg, die zugehörige Ordinate p den zugehörigen Druck. Demnach bildet der Flächeninhalt des Diagrammes ein Maß für die während eines Hubes an den Dampfkolben abgegebene Arbeit. Verwandelt man nach Abb. 28 die Diagrammfläche in ein Rechteck von gleicher Grundlinie, so erhält man als Höhe dieses Rechteckes den **mittleren**

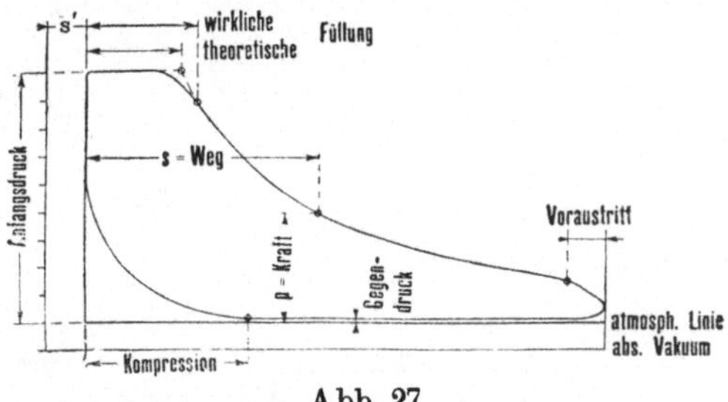

Abb. 27.

Abb. 28.

Druck p_m, den man sich als während des ganzen Hubes gleichmäßig wirkend denken kann.

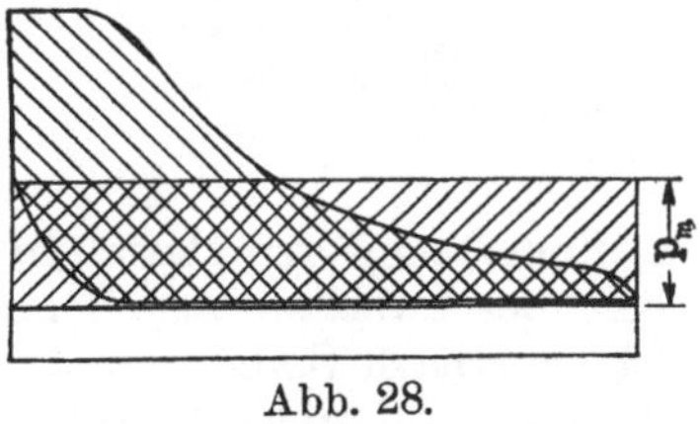

Bestimmung des mittleren Druckes p_m. Diese erfolgt am einfachsten und sichersten mittels des Planimeters. Die zur Auswertung von Dampfdiagrammen am meisten gebrauchten Planimeter werden von folgenden Firmen hergestellt:

A. Ott, Kempten, und

J. Amsler-Laffon, Schaffhausen.

Beide Bauarten werden in der gleichen Weise gehandhabt, und unterscheiden sich nur durch konstruktive Einzelheiten. Deshalb genügt hier die Besprechung des

Ottschen Planimeters.

Das in Abb. 29 dargestellte Instrument besteht im wesentlichen aus dem Fahrarm mit dem Fahrstift, dem verschiebbar mit dem Fahrarm verbundenen Meßrädchen mit Nonius und dem Polarm, dessen Drehachse in dem verschiebbaren Teil des Fahrarms gelagert ist. Der Fahrarm ist mit einer genauen Teilung, die darauf verschiebbare Hülse mit dem zugehörigen Nonius zur scharfen Einstellung versehen. Ferner trägt der Fahrarm an verschiedenen Stellen besondere Striche, welche bei bestimmten Einstellungen mit dem bei a befindlichen Strich der Hülse zusammenfallen müssen. Die genaue Einstellung erfolgt mittels einer Mikrometerschraube. Der Pol ist eine kleine Kugel, welche

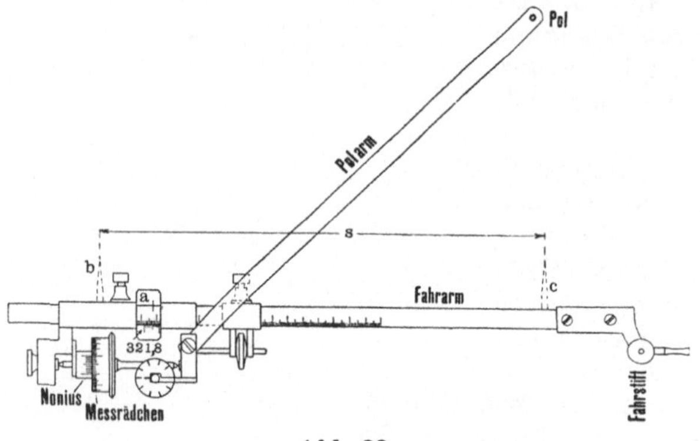

Abb. 29.

in einem schweren Messingfuß gelagert und mit einem Gewichtchen beschwert wird. Beim Amslerschen Planimeter ist der Pol als scharfe Spitze ausgebildet, die man in das Papier einsticht. Fahrarm und Hülse tragen je eine nach oben gerichtete Spitze[1]; bei der jetzigen Ausführung der Planimeter steht die eine Spitze in der Verlängerung des Fahrstiftes, die zweite in der Verlängerung der Drehachse des Polarmes. Die Spitzen sind durch aufgeschraubte Hülsen geschützt. Bei älteren Planimetern kann man, wie Abb. 29 zeigt, die Spitzen b und c nachträglich anbringen; sie stehen richtig, wenn ihre Entfernung s gleich der Entfernung des Fahrstiftes vom Drehpunkt des Polarmes ist; die Spitze c darf dann niemals verschoben werden.

Der Umfang des Meßrädchens ist in 100 gleiche Teile geteilt, der zugehörige Nonius erlaubt die Ablesung von Zehnteln dieser

---

[1] S. 31.

Teile. Von der Welle des Meßrädchens wird mittels einer Schnecke ein Zählrädchen angetrieben, durch welches in Verbindung mit einem feststehenden Zeiger die Anzahl der Umdrehungen des Meßrädchens festgestellt wird.

Das Planimeter hat folgende Eigenschaft: Umfährt man bei festgehaltenem Pol eine geschlossene, ebene Figur, so ist der Flächeninhalt dieser Figur proportional der Abwälzung des Meßrädchens oder mit anderen Worten proportional der Differenz aus der Rollenablesung nach der Umfahrung und der vor der Umfahrung[1]).

Die Größe der Rollenabwälzung ist natürlich von der jeweiligen Einstellung der Fahrarmhülse abhängig. Deshalb wird jedem Planimeter eine Zahlentafel zur Einstellung beigegeben, z. B. folgende:

	Verhält-nisse	Einstellung des Nonius am Fahrstab	Wert der Nonius-Einheit	Konstante
A. Ott, Kempten (Bayern).				
	1 : 1000	321,8	10 qm	17 482
	1 : 1000	172,4	5 „	—
	1 : 1250	214,2	10 „	—
Planimeter Nr. 1782.	1 : 1500	288,4	20 „	—
	1 : 2500	261,8	50 „	—
	1 : 5000	142,4	100 „	—

Die Zahlen der ersten Zeile haben folgende Bedeutung: Umfährt man ein Flächenstück eines im Maßstab 1 : 1000 gezeichneten Planes und ist dabei der Nonius des Fahrarmes auf die Ziffer 321,8 eingestellt, so entspricht jeder Einheit des Nonius des Meßrädchens eine Fläche von 10 qm. Da nun die Diagramme im Maßstab 1 : 1 geschrieben sind, entspricht jeder Noniuseinheit

$$\text{ein Flächeninhalt von} \frac{10}{1000 \cdot 1000} = 0{,}000010 \text{ qm} = \mathbf{10\,qmm.}$$

Die weiteren Angaben der Zahlentafel haben für das Planimetrieren von Diagrammen keine Bedeutung.

Handhabung des Planimeters. Der Nonius des Fahrarmes wird für den Maßstab 1 : 1000 und den Flächeninhalt 10 qm, im vorliegenden Falle also auf 321,8 eingestellt. Die Lage des Poles wähle man so, daß der Fahrarm und der Polarm aufeinander senkrecht stehen, wenn sich der Fahrstift in der Mitte der zu umfahrenden Fläche befindet. Dann befestige man das Diagramm auf einer glatten Ebene, z. B. auf einem auf ein Brett

---

[1]) Elementare Theorie des Planimeters siehe: Gramberg, Technische Messungen; Brand, Technische Untersuchungsmethoden.

aufgespannten Zeichenpapier mittels Reißnägeln, umfahre die
Fläche probeweise und sehe zu, ob das Meßrädchen nicht über
das Papier hinausgleitet oder anstößt, und ob man die Fläche
vollständig umfahren kann. Hierauf sticht man die Spitze des
Fahrstiftes in einen Punkt der zu umfahrenden Linien, bezeichnet
dadurch den Anfangspunkt und liest die Stellung des Zähl- und
Meßrädchens ab. Manche pflegen das Meßrädchen auf 000 zurück-
zustellen, was jedoch nicht notwendig ist. Die Fläche wird nun
so umfahren, daß sie stets rechts von der Fahrrichtung
liegt. Hat ein Diagramm Schleifen (siehe Abb. 26), welche nega-
tiven Arbeiten entsprechen, so subtrahieren sich die Flächen-
inhalte dieser Schleifen dadurch von selbst, daß sie beim genauen
Verfolg der Diagrammlinie links von der Fahrrichtung liegen.
Ist der Fahrstift wieder am Anfangspunkt angelangt, dann liest
man die zugehörige Stellung des Zähl- und Meßrädchens wieder
ab und subtrahiert von dieser Ablesung die vor der Umfahrung
gemachte Ablesung. Die Differenz beider Ablesungen gibt, mit
10 multipliziert, den Flächeninhalt der umfahrenen Figur in qmm.

Beispiel: Stand vor der Umfahrung . . . 4121

„   nach der   „   . . . 4352

Differenz .   231

Flächeninhalt . . . **2310 qmm.**

Der Kontrolle wegen ist jede Planimetrierung zweimal zu
machen und aus beiden Ergebnissen, die um höchstens 1% voneinander abweichen dürfen, das Mittel zu nehmen.

Um die mittlere Höhe eines Diagrammes zu finden, ist
der mittels Planimeters festgestellte Flächeninhalt durch die
Diagrammlänge zu dividieren.

Beispiel: Flächeninhalt . . . . 2310 qmm

Diagrammlänge . . . . 120 mm

$$\text{Mittlere Höhe} = \frac{2310}{120} = \mathbf{19{,}2 \ mm.}$$

Um den in Abb. 28 eingezeichneten **mittleren Druck** p_m zu
finden, ist die mittlere Höhe durch den Federmaßstab zu dividieren.

Beispiel: Mittlere Höhe . . . . 19,2 mm

Federmaßstab . . . .   8 mm/at.

$$\text{Mittlerer Druck } p_m = \frac{19{,}2}{8} = \mathbf{2{,}40 \ at.}$$

Die Richtigkeit der Einstellung und der Angaben eines Planimeters kann man durch Umfahren einer Fläche von bekanntem
Inhalt, z. B. eines Quadrates von 100 mm Seitenlänge, prüfen.

Planimetrieren mit Spitzeneinstellung. Hat man viele Diagramme, deren Länge annähernd gleich ist, zu planimetrieren, so ist die sog. Spitzeneinstellung vorzuziehen. Stellt man die Entfernung s (siehe Abb. 29) der beiden Spitzen b und c so ein, daß sie gleich der Diagrammlänge wird, so erhält man die mittlere Höhe des Diagrammes dadurch, daß man die Differenz der Ablesungen vor und nach der Umfahrung durch die Planimeterkonstante dividiert. Diese Konstante ist jedoch nicht identisch mit der auf S. 29 angegebenen Konstanten, sondern wird nach folgendem Verfahren ermittelt. Ein Quadrat von genau 100 mm Seitenlänge wurde bei Spitzeneinstellung (s $=$ 100 mm) 5 mal umfahren, wobei man nachstehende Noniusablesungen erhielt.

					Differenzen
vor	der	1. Umfahrung	0000	
nach	„	1. „	1497		1497
„	„	2. „	2998		1501
„	„	3. „	4493		1495
„	„	4. „	5987		1494
„	„	5. „	7479		1492
		Summe der Differenzen			7479
		Mittelwert M			1459,8

$$\text{Konstante } C = \frac{M}{100} = 14{,}958 \text{ oder rund } \mathbf{15{,}0.}$$

Das benutzte Planimeter hat demnach bei Spitzeneinstellung die Konstante 15,0.

Beispiel für die Ermittlung des mittleren Druckes, wenn die Planimetrierung mit Spitzeneinstellung ausgeführt wurde:

$$\begin{aligned}
\text{Stand vor der Umfahrung} \quad & 1385 \\
\text{„ nach der „} \quad & \underline{1670} \\
\text{Differenz} \quad & 285
\end{aligned}$$

$$\text{Mittlere Höhe} \quad \frac{285}{15} = 19{,}0 \text{ mm.}$$

$$\text{Mittlerer Druck } p_m = \frac{19{,}0}{8} = \mathbf{2{,}38 \text{ at.}}$$

Bemerkung: Dabei benutzte man dasselbe Diagramm wie oben bei der Planimetrierung mit Einstellung auf 10 qmm; diese Planimetrierung hatte einen mittleren Druck von 2,40 at. geliefert.

Hat man kein Planimeter zur Verfügung, so bestimmt man den mittleren Druck mittels der

Simpsonschen Regel,

wie in Abb. 30 angegeben ist. Man teile die Diagrammlänge s
durch die Ordinaten a_1, a_2, ... a_9 in 10 gleiche Teile b, b . . . b
und ziehe die Ordinaten a_0 und a_{10} in einer Entfernung von
b/4 von jedem Diagrammende. Diese Teilung kann mittels eines
den Indikatoren meist beigegebenen Teillineals oder Rostrates
geschehen. Dadurch ist das Diagramm in eine Anzahl senk-
rechter Streifen zerlegt, die man mit genügender Genauigkeit
als Trapeze betrachten kann. Jede der gezogenen Ordinaten

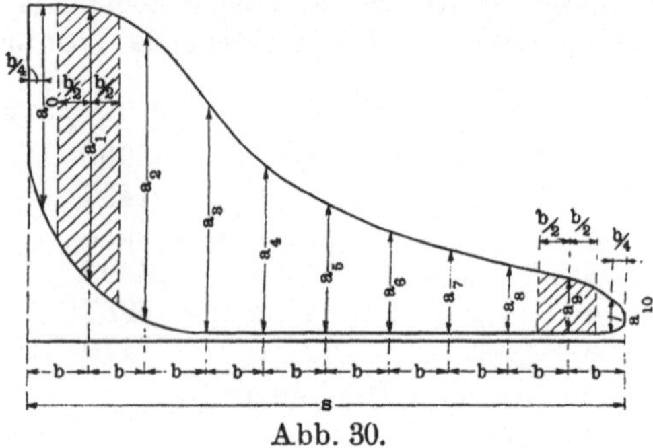

Abb. 30.

sieht man als Mittellinie eines Trapezes an, und zwar die Ordinaten a_1, a_2 . . . a_9 als Mittellinien von Trapezen mit der Höhe b
und die Ordinaten a_0 und a_{10} als Mittellinien von Trapezen mit
der Höhe b/2; dann ergibt sich die mittlere Höhe des Diagrammes zu

$$a_m = \frac{1}{10}\left(\frac{a_0}{2} + a_1 + a_2 + \cdots + a_9 + \frac{a_{10}}{2}\right).$$

Mit dem Federmaßstab f mm/kg wird der

mittlere Druck $p_m = \dfrac{a_m}{f}$ kg/qcm.

Beispiel: Das für die obigen Planimetrierungen benutzte
Diagramm lieferte folgende Werte:

a_0	a_1	a_2	a_3	a_4	a_5	a_6	a_7	a_8	a_9	a_{10}
31,3	42,0	33,6	25,2	19,5	15,7	12,9	10,8	9,0	7,6	6,0

Hieraus berechnet sich die mittlere Höhe zu

$$a_m = \frac{1}{10}\left(\frac{31,3}{2} + 42,0 + 33,6 + 25,2 + 19,5 + 15,7 + 12,9 + 10,8 + \right.$$
$$\left. + 9,0 + 7,6 + \frac{6,0}{2}\right) = 19,5 \text{ mm}$$

und der

$$\text{mittlere Druck } p_m = \frac{19,5}{8} = 2,44 \text{ kg/qcm.}$$

Bemerkung: Bei genauen Versuchen müssen die Diagramme stets planimetriert werden.

Zur Berechnung der indizierten Leistung sind außer dem mittleren Druck noch folgende Angaben erforderlich:

a) der Zylinderdurchmesser D,

b) der Durchmesser der Kolbenstange d (bzw. d_1),

c) der Kolbenhub s,

d) die minutliche Drehzahl n.

a) Der Zylinderdurchmesser ist an der betriebswarmen[1]) Maschine unmittelbar nach dem Öffnen des hinteren Zylinderdeckels mittels eines Stichmaßes zu messen. Das Stichmaß ist ein Rundeisen von etwa 10 mm Stärke und mit zugespitzten Enden; seine Länge wird schon vorher ungefähr gleich dem Zylinderdurchmesser gemacht und nach dem Öffnen des Deckels durch Abfeilen der Spitzen oder Strecken des Schaftes richtig gestellt.

b) Der Durchmesser der Kolbenstange wird mittels einer Schublehre gemessen.

Dann kann man die wirksame Kolbenfläche F berechnen, dieselbe beträgt:

1. bei durchgehender Kolbenstange, wenn beide Seiten denselben Durchmesser d besitzen:

$$F = \frac{D^2\pi}{4} - \frac{d^2\pi}{4};$$

2. bei durchgehender Kolbenstange, wenn eine Seite derselben den Durchmesser d, die andere den Durchmesser d_1 besitzt:

$$F = \frac{D^2\pi}{4} - \frac{1}{2}\left(\frac{d^2\pi}{4} + \frac{d_1^2\pi}{4}\right).$$

---

[1]) Der jetzt vorliegende Entwurf der neuen „Regeln" verlangt die Messung an der Maschine in kaltem Zustand.

Will man die Leistung jeder Kolbenseite für sich berechnen, was bei genauen Versuchen stets zu empfehlen ist, dann setzt man:

$$F_{(KS)} = \frac{D^2\pi}{4} - \frac{d^2\pi}{4} \text{ und}$$

$$F_{(AS)} = \frac{D^2\pi}{4} - \frac{d_1{}^2\pi}{4} ;$$

3. bei einseitiger Kolbenstange:

$$F = \frac{D^2\pi}{4} - \frac{1}{2}\frac{d^2\pi}{4} \text{ oder}$$

$$F_{(KS)} = \frac{D^2\pi}{4} - \frac{d^2\pi}{4} \text{ und}$$

$$F_{(AS)} = \frac{D^2\pi}{4} ;$$

c) Den Kolbenhub mißt man am einfachsten und genauesten längs der Kreuzkopf-Gleitbahn. Man schlägt am Kreuzkopfschuh eine Marke ein, schaltet die Maschine auf den einen Totpunkt und bezeichnet die Stellung der Marke durch einen Riß an der Gleitbahn; hierauf schaltet man die Maschine auf den zweiten Totpunkt und bezeichnet die jetzige Stellung der Marke. Der Abstand der beiden Risse ist der Kolbenhub. Bei Verbundmaschinen ist der Hub beider Maschinenseiten zu messen.

d) Die minutliche Drehzahl ist bei genauen Versuchen mittels eines mit einem bewegten Maschinenteil verbundenen umlaufenden oder hin und her gehenden Umdrehungszählers festzustellen. Die Angaben dieses Zählers werden innerhalb gleicher Zeiträume abgelesen, z. B. aller 15—60 Minuten. Die mittlere Drehzahl ergibt sich, wenn man die Differenz aus der ersten und der letzten Ablesung durch die genau in Minuten gemessene Beobachtungszeit dividiert.

Beispiel:

Zeit	Ablesung	Differenz	n
7^{22}	38 055	—	—
8^{22}	47 590	9535	158,9
9^{22}	57 120	9530	158,8
10^{22}	66 637	9517	158,6
11^{22}	76 181	9544	159,1
12^{22}	85 718	9537	159,0
1^{22}	95 255	9537	159,0

Hieraus berechnet sich die mittlere Drehzahl zu

$$n = \frac{95\,225 - 38\,055}{\text{Zeit von } 7^{22} - 1^{22}} = \frac{57\,200}{360} = 158{,}9.$$

Bei weniger genauen Versuchen kann man sich damit begnügen, die Drehzahl möglichst häufig, etwa aller 5 oder 10 Minuten mittels eines in ein Körnerloch einzusteckenden Handtachometers oder durch unmittelbares Zählen mit Hilfe einer Uhr zu ermitteln.

Wenn nun alle genannten Messungen gemacht und alle Beobachtungen auf einen Zeitraum ausgedehnt worden sind, dessen Länge vom Zweck des Versuches abhängt, berechnet man aus den Beobachtungsergebnissen die Mittelwerte und erhält die **indizierte Leistung**

$$N_i = \frac{F \cdot p_m \cdot s \cdot n}{30 \cdot 75} \text{ Pferdestärken (PS)}.$$

Dabei ist F in qcm, p_m in kg/qcm und s in m einzusetzen.

Bei genauen Versuchen berechnet man die Leistung jeder Kolbenseite für sich und erhält N_i als Summe $N_{i_{(KS)}} + N_{i_{(AS)}}$; es ist

$$N_{i_{(KS)}} = \frac{F_{(KS)} \cdot p_{i_{(KS)}} \cdot s \cdot n}{60 \cdot 75} \text{ und}$$

$$N_{i_{(AS)}} = \frac{F_{(AS)} \cdot p_{i_{(AS)}} \cdot s \cdot n}{60 \cdot 75}.$$

Bei Gruppenindizierungen[1]) ist es zweckmäßig, alle Konstanten zu einer einzigen Konstanten C zusammenzufassen und die indizierte Leistung durch Multiplikation der für alle Gruppen bei der gleichen Drehzahl n geltenden Konstanten C mit dem Planimeterwert Pl zu berechnen[2]). Setzt man $p_i = \dfrac{Pl}{15 \cdot f}$ in die Gleichung für N_i ein, so erhält man als Leistung einer Kolbenseite:

$$N_i = \frac{F \cdot \dfrac{Pl}{15 \cdot f} \cdot s \cdot n}{60 \cdot 75} = C \cdot Pl,$$

es ist also die Konstante:

$$C = \frac{F \cdot s \cdot n}{15 \cdot f \cdot 60 \cdot 75}.$$

---

[1]) S. 51.
[2]) indizieren mit Spitzeneinstellung und Planimeterkonstante 15,0.

Dritter Abschnitt.

Die Ermittlung der Nutz- oder effektiven Leistung N_e.

Unter der Nutzleistung versteht man die von der Kurbelwelle der Maschine abgegebene Arbeit; dieselbe ist um den Betrag der Eigenwiderstände der Maschine kleiner als die indizierte Leistung und wird am genauesten mittels einer **Bremse** festgestellt.

Die in der Abb. 31 dargestellte Bremse ist eine **Backenbremse** und besteht aus den beiden Bremsbacken a und b, die durch 2 Schrauben c c verbunden sind, dem Bremshebel d mit der Länge 1 (Meter) und der Wagschale mit dem Bremsgewicht Q; die Bremse ist auf eine Bremsscheibe aufgesetzt, deren Durch-

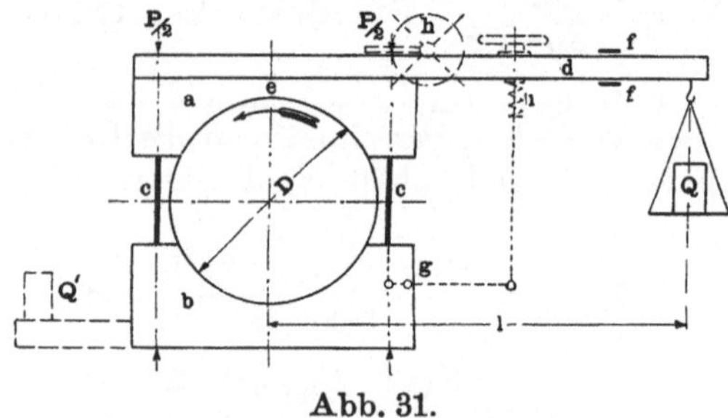

Abb. 31.

messer D m beträgt. Um das durch den Hebel und die Wagschale hervorgerufene einseitige Übergewicht auszugleichen, kann ein Gegengewicht Q′ angebracht werden. Zur Bestimmung der Größe und des Hebelarmes dieses Gegengewichtes nimmt man die Bremse ab, legt sie bei e auf eine Schneide oder hängt sie bei e auf und bringt sie ins Gleichgewicht; oder man steckt die Bremsscheibe auf eine besondere Achse, die möglichst wagerecht und reibungsfrei gelagert wird. Bringt man kein Gegengewicht an, so läßt man bei dieser Prüfung die frei gelagerte Bremse mit dem Hebelarm 1 auf eine Wage drücken; das hierdurch ermittelte einseitige Übergewicht ist dann jedesmal bei der Bemessung der Bremsbelastung zu berücksichtigen. Die Schrauben der Bremse sind so anzuziehen, daß der Hebel stets zwischen den Anschlägen f f frei schwebt. Statt die Schrauben unmittelbar anzuziehen, kann man bei der Bremsung größerer Leistungen eine Hebelübersetzung g oder ein Schneckengetriebe h anwenden. Zur Vermeidung größerer Schwankungen ist es zu empfehlen, eine Feder i einzuschalten oder unter die Muttern der Anzugschrauben

Gummiplatten zu legen. Die Reibungsfläche der Bremsscheibe ist durch mäßige Schmierung etwas fettig zu halten, ferner ist bei Versuchen von längerer Dauer die erzeugte Wärme dadurch abzuführen, daß man auf die Innenseite des Scheibenkranzes Wasser laufen läßt.

Aus dem Bremsgewicht, dem Hebelarm und der zu beobachtenden minutlichen Umdrehungszahl berechnet sich die **Nutzleistung** wie folgt:

Die Bremse sei so angezogen, daß in jeder Schraube eine Kraft P/2 wirkt; die Bremsklötze werden also mit der Kraft P gegen die Schraube gepreßt. Die am Umfang der Scheibe entstehende Reibungskraft beträgt, wenn man den Reibungskoeffizienten mit μ bezeichnet: $R = P \cdot \mu$; demnach die Reibungsarbeit, d. h. die in Reibungswärme umgesetzte Nutzleistung der Maschine:

$$A = \frac{\mu \cdot P \cdot D \cdot \pi \cdot n}{60} \text{ mkg oder } N_e = \frac{\mu \cdot P \cdot D \cdot \pi \cdot n}{60 \cdot 75} \text{ PS.}$$

Da die Größen μ und P sich der unmittelbaren Messung entziehen, muß eine Beziehung zwischen diesen Größen und den unmittelbar meßbaren Größen Q und l gesucht werden. Wenn der Bremshebel frei schwebt, halten sich die Reibungskraft R und das Belastungsgewicht Q das Gleichgewicht, also müssen die statischen Momente dieser Kräfte in bezug auf die Drehachse der Bremsscheibe einander gleich sein; demnach ist

$R \cdot \dfrac{D}{2} = Q \cdot l$. Setzt man wieder $R = P \cdot \mu$, so erhält man

$P \cdot \mu \cdot \dfrac{D}{2} = Q \cdot l$. Man kann demnach in der obigen Gleichung

für N$_e$ die Gruppe $P \cdot \mu \cdot D$ durch die gleichwertige Gruppe $2\,Ql$ ersetzen, die Nutzleistung ergibt sich dann zu

$$N_e = \frac{Q \cdot l \cdot \pi \cdot n}{30 \cdot 75} \text{ PS.}$$

In diese Formel ist Q in kg und l in m einzusetzen.

Andere Bremsen. Abb. 32 zeigt eine besonders bei Versuchen an Lokomobilen sehr häufig verwendete Bremse, die sich bei Leistungen bis 200 PS bewährt hat; sie besteht aus einem bei a geteilten Stahlband b, das auf der Innenseite mit Holzklötzen c c besetzt ist und mittels des Schraubengetriebes d unter Zwischenlage von kräftigen Federn angezogen wird. Die Gewichtsscheiben sind zum bequemen Aufbringen und Abnehmen geschlitzt. Die Kühlwasserzufuhr erfolgt durch zwei auf beiden Seiten angebrachte Rohre e. Die Bremse wird unmittelbar auf das Schwungrad aufgesetzt und durch an den Holzklötzen befestigte Flacheisen vor dem Herabfallen geschützt. Sie muß durch fest verankerte Seile, die während der Bremsung stets lose hängen müssen, gegen Herumschleudern der Gewichte gesichert werden.

In Abb. 33 ist eine Seilbremse dargestellt, die für kleinere Leistungen bis etwa 20 PS brauchbar ist und keine Bedienung

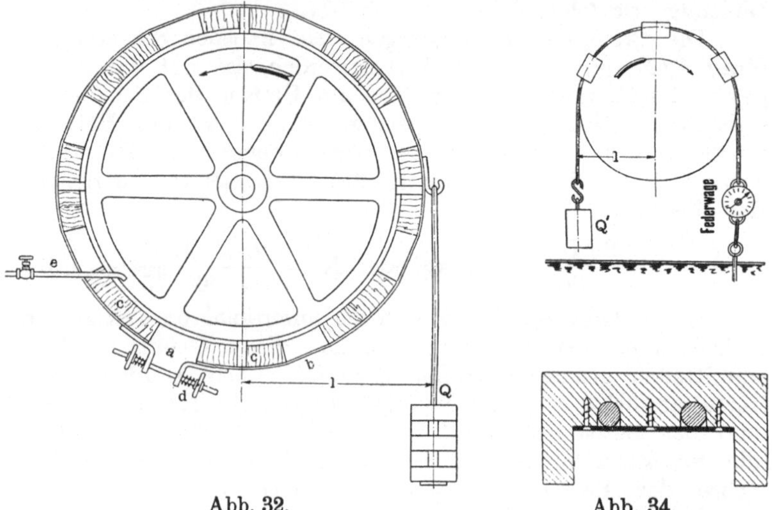

Abb. 32.   Abb. 34.

erfordert. Sie besteht aus zwei etwa 12 bis 15 mm starken Hanfseilen, die um den halben Umfang einer geeigneten Scheibe geschlungen und mittels mehrerer Holzklammern mit Blechbeilagen nach Abb. 34 zusammengehalten sind. Das eine Seilende wird mit einer fest verankerten Federwage verbunden, am anderen Ende wird das Belastungsgewicht Q' eingehängt. Die Federwage ist vorher auf ihre Richtigkeit zu prüfen; als Bremsgewicht Q ist die Differenz zwischen Q' und der Angabe q der Federwage in die Rechnung einzuführen; also

$$\text{Belastung } Q = Q' - q.$$

Die Seile sind vor ihrer Verwendung in Talg auszukochen. Vor dem Abstellen der Maschine sind entweder die Gewichte abzunehmen oder die Federwage ist auszuhängen, weil die letztere sonst beschädigt werden kann.

Ermittlung der Nutzleistung auf elektrischem Wege. Während bei kleineren Maschinenleistungen die Selbstherstellung oder Beschaffung, sowie die Handhabung einer geeigneten Bremse kaum Schwierigkeiten verursachen dürfte, steigen dieselben bei größeren Leistungen ganz bedeutend.

In dem Falle, daß von der zu untersuchenden Dampfmaschine eine Dynamomaschine angetrieben wird, läßt sich die Nutzleistung der Dampfmaschine sehr bequem durch Messung der Spannung und der Stärke des abgegebenen Stromes feststellen. Voraussetzung ist dabei, daß man den Wirkungsgrad der Dynamo bei der betreffenden Leistung kennt, oder noch besser, daß der Wirkungsgrad in Abhängigkeit von der Leistung in Form einer Kurve gegeben ist. Die zu verwendenden Instrumente (Ampère- und Voltmeter) müssen entweder geeichte Präzisionsinstrumente sein oder mit solchen Instrumenten verglichen werden. Bezeichnet man bei einer Gleichstrommaschine die Spannung mit V, die Stromstärke mit J und ihren Wirkungsgrad bei der genannten Belastung mit η, so beträgt die von der Dampfmaschine an die Dynamo abzugebende Leistung

$$W = \frac{V \cdot J}{\eta} \text{ Watt,}$$

oder da 736 Watt = 1 PS sind,

$$N_e = \frac{V \cdot J}{736 \cdot \eta} \text{ PS.}$$

Beispiel: Es seien V = 221 Volt und J = 85,4 Amp. die Mittelwerte einer Reihe von Beobachtungen, ferner sei der Wirkungsgrad η der Dynamo bei dieser Belastung zu 0,88 ermittelt, dann beträgt die Nutzleistung der Dampfmaschine

$$N_e = \frac{221 \cdot 85,4}{736 \cdot 0,88} = 29,1 \text{ PS.}$$

Diese Rechnung ist dann richtig, wenn die Dynamo mit der Dampfmaschine unmittelbar gekuppelt ist. Bei Riemen- oder Seilübertragung ist der Arbeitsbetrag mehr zu leisten, den die Übertragung verzehrt. Man pflegt bei solchen Versuchen den Verlust durch die Übertragung = 2 % von der Nutzleistung der Dampfmaschine anzunehmen; die an die Dynamomaschine abgegebene Arbeit beträgt demnach 98 % von dieser Nutzleistung; dann wird

$$N_e = \frac{V \cdot J}{736 \cdot \eta \cdot 0,98} \text{ PS.}$$

Im obigen Beispiel erhält man demnach

$$N_e = \frac{221 \cdot 85,4}{735 \cdot 0,88 \cdot 0,98} = 29,7 \text{ PS.}$$

Vierter Abschnitt.

Die Ermittlung des mechanischen Wirkungsgrades η_m.

Unter dem mechanischen Wirkungsgrad versteht man das Verhältnis der Nutzleistung N_e zur indizierten Leistung N_i; also ist

$$\text{Wirkungsgrad} \quad \eta_m = \frac{N_e}{N_i};$$

in allen Fällen, in welchen man sowohl N_e als auch N_i ermittelt, kann demnach η_m ohne weiteres berechnet werden.

Man kann jedoch mit genügender Genauigkeit den Wirkungsgrad auch ohne Ermittlung der Nutzleistung feststellen. Man indiziert die Maschine bei abgenommenem Riemen usw. und ermittelt dadurch die Leerlaufarbeit N_l, welche die eigenen Reibungswiderstände der Maschine darstellt; dann ist

$$N_i = N_e + N_l \quad \text{oder}$$
$$N_e = N_i - N_l;$$

streng genommen müßte zu N_l noch ein Betrag N_z addiert werden, weil anzunehmen ist, daß die Eigenwiderstände bei normaler Belastung der Maschine etwas größer sind als beim Leerlauf, diese sog. zusätzliche Reibungsarbeit könnte man aus der Gleichung

$$N_e = N_i - (N_l + N_z)$$

ermitteln; wenn man N_e, N_i und N_l festgestellt hat, dann würde

$$N_z = N_i - (N_e + N_l)$$

werden.

N_i, N_e, N_l und N_z sind auf die gleiche Umdrehungszahl bezogen gedacht.

Versuche, N_z auf diese Weise zu ermitteln, haben zu keinerlei brauchbaren Ergebnissen geführt, N_z hat sich sogar schon als negativ herausgestellt. Dies erklärt sich folgendermaßen: In der obigen Gleichung wird N_z als Differenz von 2 Größen berechnet, von denen jede ein Vielfaches von N_z ist und natürlich mit den unvermeidlichen Messungsfehlern behaftet ist. Hat man nun infolge dieser Messungsfehler die erste Größe zu klein, die zweite zu groß erhalten, so kann die Differenz positiv, 0 oder negativ werden. Es ist deshalb zulässig, den Wirkungsgrad unter Vernachlässigunng vo N_z zu berechnen, nach der Gleichung

$$\eta_m = \frac{N_i - N_l}{N_i}.$$

Der mechanische Wirkungsgrad vergrößert sich bei steigender Belastung.

Fünfter Abschnitt.

Die Ermittlung des stündlichen Dampf- und Wärmeverbrauchs für eine Pferdestärke.

Der stündliche Dampfverbrauch für die Pferdestärke ist ein Maß für die Wirtschaftlichkeit einer Dampfmaschine und wird bei Neulieferungen gewöhnlich vertragsmäßig gewährleistet (Dampfgarantie). Aufgabe des Versuches ist es, nachzuweisen, ob die Garantie erfüllt ist oder nicht. Als Dauer eines Dampfverbrauchsversuches sind durch die „Normen“ mindestens 8 Stunden vorgeschrieben; nur wenn die zu untersuchende Anlage durchaus gleichmäßig beansprucht ist, genügt ein kürzerer, aber mindestens 6 stündiger Versuch.

Die Ermittlung des Dampfverbrauches kann entweder durch **Wägung des Speisewassers** oder bei Oberflächenkondensation durch **Wägung des im Kondensator niedergeschlagenen Dampfwassers** erfolgen. Erstere Versuchsart ist die bei Kolbendampfmaschinen gebräuchlichere, während bei Dampfturbinen der Dampfverbrauch meistens durch Wägung des Kondensates festgestellt wird. Man wägt mittels der in Abb. 35 dargestellten Einrichtung das in den Kessel gespeiste Wasser. Mindestens 10 Minuten vor Beginn und ebenso vor Schluß des Versuches darf der Kessel nicht mehr gespeist werden. Nach dem Stillsetzen der Speisevorrichtung vor Versuchsbeginn füllt man den Speise-

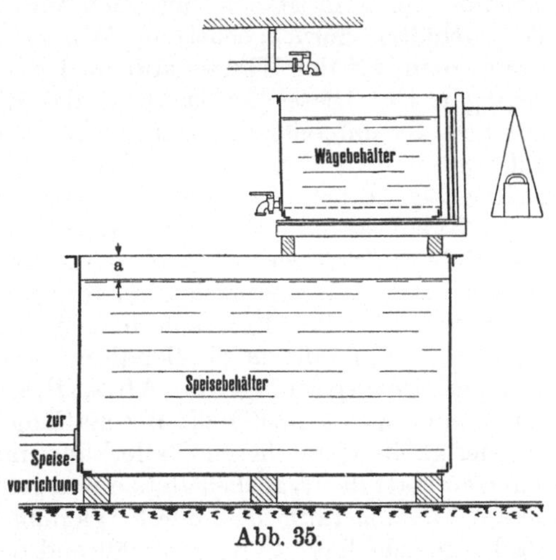

Abb. 35.

behälter auf und mißt den Abstand a des Wasserspiegels von einem Festpunkt. Die Wage mit dem Wägebehälter ist mit Roststäben u. dgl. (Gewichte sind zur Verhütung von Verwechslungen zu vermeiden) so ausgeglichen worden, daß sie einspielt, wenn der Wasserspiegel bis zur gestrichelten oder einer mittels

Marke festgelegten höheren Linie gesunken ist. Hierauf setzt
man ein der jedesmal zu wägenden Wassermenge entsprechendes
Gewicht auf und füllt den Wägebehälter, bis die Wage wieder
einspielt. Etwa 10 Minuten nach dem Stillsetzen der Speisevorrichtung kennzeichnet man den Wasserstand im Kessel durch
einen um das Glas gebundenen Faden und mißt gleichzeitig
den Abstand des Wasserstandes von einem Festpunkt, um
eine etwaige Verschiebung des Fadens während des Versuches
richtigstellen zu können. Die Zeit, zu welcher der Wasserstand
im Kessel und die Markierung zusammenfallen, ist der Versuchsbeginn. Damit beginnt die Abnahme der Diagramme, welche
aller 10—15 Minuten erfolgen soll, die Tätigkeit der Speisevorrichtung, die regelmäßige Wägung des Speisewassers und die
sonstigen Beobachtungen, wie Dampfdruck im Kessel, vor der
Maschine, minutliche Drehzahl, Vakuum usw., die in den weiter
unten folgenden Musterbeispielen enthalten sind. Den Wasserstand im Kessel hält man stets 10—15 mm über dem anfangs
festgestellten Stand. Etwa 10 Minuten vor dem beabsichtigten
Versuchsschluß wird die Speisevorrichtung abgestellt, der Speisebehälter bis zum Maß a aufgefüllt und das beim Auffüllen im
Wägebehälter zurückgebliebene Wasser zurückgewogen. Dann
wartet man, bis der Wasserstand im Kessel bis zur Marke zurück-
gegangen ist. Dieser Zeitpunkt ist das Ende des Versuches. Damit kein Irrtum entsteht, schreibt man jede Wägung stets dann
auf, wenn man den unteren Hahn des Wägebehälters öffnet,
gleichzeitig notiert ein zweiter Beobachter jede Wägung durch
einen Kreidestrich. Auch die letzte Wägung wird für voll aufgeschrieben; dann wird die nach dem Auffüllen des Speisebehälters
zurückgewogene Wassermenge von der Summe sämtlicher Wägungen
abgezogen. Als Behälter kann man jeden Bottich, Faß oder dgl.
verwenden, nur müssen die Behälter dicht und nicht zu klein
sein und genügend große Ablaufhähne haben. Bei großen
Maschinen macht häufig die Beschaffung einer geeigneten Wage
Schwierigkeiten; in diesem Falle kann man sich dadurch helfen,
daß man statt des Wägebehälters einen großen Behälter verwendet,
dessen Fassungsraum man durch Wägung bis zu einer bestimmten
Marke geeicht hat. Statt nun während des Versuches das Wasser
zu wägen, füllt man jedesmal diesen Behälter bis zur Eichmarke.
Hatte das zur Eichung verwendete Wasser eine andere Temperatur
als das Speisewasser während des Versuches, so ist der Inhalt
des Behälters nach dem Temperaturunterschied zu berichtigen.

Das in der Dampfleitung vom Kessel bis zur Maschine niedergeschlagene Dampfwasser wird aufgefangen, gewogen und von

der Speisewassermenge abgezogen. Das innerhalb der Maschine, also in den Dampfmänteln, im Aufnehmer usw. niedergeschlagene Dampfwasser pflegt man bei genauen Versuchen ebenfalls zu wägen; es gehört jedoch zum Dampfverbrauch der Maschine und darf vom Speisewasser nicht abgezogen werden.

Art der Speisevorrichtung. Eine von der Maschine, der Transmission oder einem Elektromotor angetriebene Pumpe ist ohne weiteres zulässig. Verwendet man eine Dampfpumpe, so muß sie ihren Dampf entweder aus einem anderen Kessel beziehen oder man muß den Abdampf in einer gekühlten Rohrschlange niederschlagen, auffangen, wägen und vom Speisewasser abziehen. Wird mit einem Injektor gespeist, so muß das Schlabberwasser desselben in den Speisebehälter zurückgebracht werden.

Damit nur gewogenes Wasser, und zwar alles in den Versuchskessel gelangt, nur als Dampf aus dem Kessel entweicht und dieser nur in die Maschine gelangt, sind alle für die Versuche nicht benutzten, an die Versuchs-Speiseeinrichtung und an den Kessel angeschlossenen Speise- und Dampfleitungen durch Blindflanschen abzuschließen; ferner ist auch die Ablaßleitung des Kessels mit einem Blindflansch zu versehen. Eine Ausnahme von dieser Regel ist nur dann zulässig, wenn die Dichtheit eines Absperrorganes in anderer Weise, z. B. durch ein frei ausmündendes Rohr, genügend sicher erscheint.

Berechnung des Dampfverbrauches. Bezeichnet man mit

a die Versuchsdauer in Stunden,
b „ Gesamt-Speisewassermenge in kg,
c „ Menge des Leitungswassers in kg,
N_i „ indizierte Maschinenleistung,
N_e „ Nutzleistung der Maschine,

so beträgt der stündliche Dampfverbrauch

für die Indikatorpferdestärke

$$D_i = \frac{b - c}{a \cdot N_i} \text{ kg,}$$

für die Nutzpferdestärke

$$D_e = \frac{b - c}{a \cdot N_e} \text{ kg.}$$

Berechnung des Wärmeverbrauches. Seit der Einführung der Dampfüberhitzung genügt die Kenntnis des Dampfverbrauches allein nicht mehr zur Beurteilung der Wirtschaftlichkeit einer Dampfmaschine, weil zur Erzeugung von 1 kg Heißdampf ein größerer Wärmeaufwand notwendig ist, als für 1 kg

Sattdampf von derselben Spannung, und weil dieser Wärmeaufwand mit zunehmender Dampftemperatur wächst, während
der Dampfverbrauch gleichzeitig abnimmt. Der stündliche Wärmeverbrauch W für 1 PS_i oder 1 PS_e ist das Produkt aus dem
stündlichen Dampfverbrauch für dieselbe Leistung und dem
Wärmeinhalt λ_0 für 1 kg des Versuchsdampfes; also

$$W_i = D_i\lambda_0 \text{ und}$$
$$W_e = D_e\lambda_0;$$

der Wärmeinhalt λ_0 ist gleich der Summe der Wärmemenge, die
zur Erzeugung von 1 kg Sattdampf aus Wasser von 0° erforderlich ist, und der Wärmemenge, die zur Überhitzung dieses Dampfes
von der Sättigungstemperatur t_s auf die Dampftemperatur t_d
verwendet wird. Der erste Summand λ_s wird aus der Dampftafel S. 61 entnommen. Bezeichnet man die mittlere spezifische
Wärme des Dampfes innerhalb der Temperaturen t_s und t_d mit
c_p, dann ist der Wärmeinhalt

$$\lambda_0 = \lambda_s + (t_d - t_s)\, c_p;$$

die jeweiligen Werte für c_p sind in der folgenden Zahlentafel[1])
zusammengestellt:

Mittlere spezifische Wärme c_p für die Überhitzung von t_s auf $t_d\,^\circ$ C.

$\begin{array}{c}p =\\ \text{at. abs.}\end{array}$	0,5	1	2	4	6	8	10	12	14	16	18	20
$t_s\,^\circ$C	80,9	99,1	119,6	142,9	158,1	169,6	179,1	187,1	194,2	200,5	206,2	211,4
t_s	0,478	0,487	0,501	0,528	0,555	0,584	0,613	0,642	0,671	0,699	0,729	0,760
120	0,473	0,483	—	—	—	—	—	—	—	—	—	—
140	0,471	0,480	0,496	—	—	—	—	—	—	—	—	—
160	0,470	0,478	0,491	0,521	—	—	—	—	—	—	—	—
180	0,470	0,476	0,488	0,515	0,544	0,576	—	—	—	—	—	—
200	0,469	0,475	0,486	0,509	0,534	0,561	0,590	0,623	0,660	—	—	—
220	0,469	0,475	0,485	0,505	0,526	0,548	0,572	0,599	0,629	0,661	0,697	0,738
240	0,469	0,474	0,484	0,501	0,519	0,538	0,558	0,580	0,605	0,631	0,660	0,694
260	0,469	0,474	0,483	0,499	0,514	0,530	0,548	0,567	0,588	0,610	0,634	0,660
$t_d =$ 280	0,470	0,474	0,482	0,497	0,510	0,525	0,540	0,556	0,575	0,594	0,615	0,637
300	0,470	0,474	0,482	0,496	0,508	0,521	0,534	0,548	0,565	0,582	0,600	0,619
320	0,471	0,475	0,482	0,495	0,505	0,517	0,530	0,543	0,558	0,572	0,589	0,606
340	0,472	0,476	0,482	0,494	0,504	0,515	0,527	0,538	0,552	0,565	0,580	0,596
360	0,473	0,477	0,483	0,494	0,504	0,514	0,524	0,535	0,548	0,560	0,574	0,587
380	0,475	0,478	0,483	0,494	0,503	0,512	0,522	0,533	0,545	0,556	0,568	0,580
400	—	—	0,484	0,494	0,503	0,511	—	—	—	—	—	—
450	—	—	0,486	0,495	0,503	0,510	—	—	—	—	—	—
500	—	—	0,489	0,497	0,504	0,510	—	—	—	—	—	—
550	—	—	0,492	0,499	0,505	0,511	—	—	—	—	—	—

[1]) Nach Knoblauch und Winkhaus, Z. d. V. d. I., 1915, S. 403.

Beispiel: Der stündliche Dampfverbrauch für die Pferdestärke sei ermittelt zu $D_i = 5,12$ kg und $D_e = 5,63$ kg; der Dampfdruck vor der Maschine sei zu 11,0 at. Überdruck $= 12,0$ at. abs.[1]) und die Dampftemperatur an derselben Stelle zu 263° C festgestellt.

Nach der Dampftafel S. 62 ist die Erzeugungswärme des gesättigten Dampfes $\lambda_s = 668,1$ WE, nach der obigen Tafel ist die Sättigungstemperatur $t_s = 186,9^\circ$ C und die mittlere spezifische Wärme (zwischen 260° und 280°) c_p zwischen 0,567 und 0,556 zu setzen. Durch Interpolation erhält man

$$c_p = 0,567 - \frac{0,567 - 0,556}{20} \cdot 3 = 0,567 - 0,002 = 0,565;$$

also

$$\lambda_0 = \lambda_s + (t_d - t_s)c_p = 668,1 + (263 - 186,9) \cdot 0,565 = \mathbf{711,1 \; WE.}$$

Danach berechnet sich der auf Speisewasser von 0° C bezogene stündliche Wärmeverbrauch für die Indikator- bzw. Nutzpferdestärke zu

$$W_i = D_i \lambda_0 = 5,12 \cdot 711,1 = \mathbf{3641 \; WE} \text{ und}$$
$$W_e = D_e \lambda_0 = 5,63 \cdot 711,1 = \mathbf{4004 \; WE.}$$

Erst diese Zahlen ermöglichen einen einwandfreien Vergleich der Wirtschaftlichkeit verschiedener Heißdampfmaschinen.

Zur Veranschaulichung der bei Maschinenversuchen erforderlichen Aufschreibungen und der Auswertung der Ergebnisse dienen die auf S. 46 bis 51 angeführten Musterbeispiele.

Aus der Zahlentafel B sind die

Hauptergebnisse des Versuches

wie folgt hervorzuheben bzw. zu berechnen:

Versuchsdauer	Std.	5,68
Anzahl der Diagramme		92
Minutliche Drehzahl		139,8
Dampfüberdruck vor der Maschine	at.	11,0
Dampftemperatur „ „ „	$^\circ$C	263
Anfangsdruck im Hochdruckzylinder	at.	10,9
Füllung „ „	%	25
Anfangsdruck im Niederdruckzylinder	at.	1,10
Füllung „ „	%	44
Vakuum „ „	at.	0,83

---

[1]) S. 62.

Muster-

(für Abschnitt

Hauptmaße: **A. Leistungsversuche an einer**

Zylinderdurchmesser $D = 241{,}2$ mm $(= 24{,}12$ cm$)$.

Durchmesser der Kolbenstange $d = 40{,}0$ mm $(= 4{,}00$ cm$)$, einseitig.

$$\text{Wirksame Kolbenfläche } F = \frac{24{,}12^2\,\pi}{4} - \frac{1}{2}\cdot\frac{4{,}00^2\,\pi}{4} = 450{,}7 \text{ qcm } \text{ oder}$$

$$F_{(KS)} = \frac{24{,}12^2\,\pi}{4} - \frac{4{,}00^2\,\pi}{4} = 444{,}4 \text{ qcm,}$$

$$F_{(AS)} = \frac{24{,}12^2\,\pi}{4} = 457{,}0 \text{ qcm.}$$

Kolbenhub $s = 331$ mm $= 0{,}331$ m.   1. Beispiel.

Zeit	Diagramm No.	Minutliche Drehzahl			Dampfdruck at.		Auswertung der Diagramme:							
		Ablesung	Differenz	n	im Kessl	vor der Maschine	Anfangs-druck at.		Wirkl. Füllung %		Gegen-druck at.		Plani-meter-wert[1]	
							KS	AS	KS	AS	KS	AS	KS	AS
8¹⁵	1	17 449	—	—	10,1	10,1	9,6	9,6	21	21	0,00	0,07	225	223
8³⁰	2	—	—	—	10,1	10,1	9,6	9,6	22	21	0,00	0,07	228	224
8⁴⁵	3	—	—	—	10,1	10,1	9,6	9,6	21	22	0,00	0,07	226	226
9⁰⁰	4	—	—	—	10,0	10,0	9,5	9,5	20	21	0,00	0,07	220	222
9¹⁵	5	26 756	9 307	155,1	10,0	10,0	9,5	9,5	21	21	0,00	0,07	222	223
9³⁰	6	—	—	—	10,0	10,0	9,5	9,5	22	20	0,00	0,07	225	220
9⁴⁵	7	—	—	—	10,0	10 0	9,5	9,5	21	20	0,00	0,07	222	218
10⁰⁰	8	—	—	—	10,0	10,0	9,5	9,5	20	22	0,00	0,07	229	222
10¹⁵	9	36 072	9 316	155,3	10,0	10,0	9,5	9,5	21	21	0,00	0,07	223	220
10³⁰	10	—	—	—	10,0	10,0	9,5	9,5	21	21	0,00	0,07	224	219
10⁴⁵	11	—	—	—	10,0	10,0	9,5	9,5	20	20	0,00	0,07	220	219
11⁰⁰	12	43 055	6 983	155,2	10,0	10,0	9,5	9.5	21	22	0,00	0,07	223	223
Summe:		—	25 606	—	—	—	—	—	251	252	—	—	2677	2659
Mittelwert:		—	—	155,2	10,0	10,0	9,5	9,5	21	21	0,00	0,07	223	222

2. Beispiel.

Zeit	Diagramm No.	Ablesung	Differenz	n	im Kessl	vor der Maschine	KS	AS	KS	AS	KS	AS	KS	AS
7³⁰	1	38 055	—	—	10,0	10,0	9,5	9,6	10	10	0,05	0,05	143	133
7⁴⁵	2	—	—	—	10,1	10,1	9,6	9,7	11	10	0,05	0,05	145	134
8⁰⁰	3	—	—	—	10,0	10,0	9,5	9,6	9	10	0,05	0,05	140	132
8¹⁵	4	—	—	—	10,0	10,0	9,5	9,6	10	11	0,05	0,05	144	135
8³⁰	5	47 590	9 535	158,9	10,0	10,0	9,5	9,6	10	10	0,05	0,05	142	134
8⁴⁵	6	—	—	—	10,3	10,3	9,8	9,9	10	10	0,05	0,05	142	134
9⁰⁰	7	—	—	—	10,2	10,2	9,7	9,8	9	9	0,05	0,05	140	131
9¹⁵	8	—	—	—	10,0	10,0	9,5	9,6	10	10	0,05	0,05	143	133
9³⁰	9	57 120	9 530	158,8	10,1	10,1	9,6	9,7	11	10	0,05	0,05	146	134
9⁴⁵	10	59 500	2 380	158,7	10,0	10,0	9,5	9,6	10	10	0,05	0,05	144	136
Summe:		—	21 445	—	100,7	100,7	95,7	96,7	100	100	—	—	1429	1336
Mittelwert:		—	—	158,8	10,1	10,1	9,6	9,7	10	10	0,05	0,05	143	134

[1]) Mit Spitzeneinstellung.

beispiele.

2—5).

Einzylinder-Dampfmaschine ohne Kondensation.

Versuchsaufschreibungen.

1. Beispiel.			2. Beispiel.		
Versuchstag			Versuchstag		
Beobachter			Beobachter		
Beginn 8^{15} } Dauer 2,75 Std.			Beginn 7^{30} } Dauer 2,25 Std.		
Schluß 11^{00} }			Schluß 9^{45} }		
	KS	AS		KS	AS
Indikator . . . Nr.	......	......	Indikator . . . Nr.	......	......
Feder . . . . kg	10	10	Feder . . . . kg	10	10
Feder-Maßstab mm	4,0	4,0	Feder-Maßstab mm	4,0	4,0

Links die Versuchstabelle, rechts die Berechnung:

Indizierte Spannung p_i at.		Indizierte Leistung N_i	Gebremste Leistung			Mechanischer Wirkungsgrad η_m
KS	AS		Brems-gewicht kg	Hebel-arm m	N_e	
3,72	3,70	38,2	172,7	0,954	35,7	0,93
2,38	2,23	24,3	101,8	0,954	21,5	0,88

Berechnung der Ergebnisse.

1. Beispiel.

$$p_i\,(KS) = \frac{223}{15 \cdot 4,0} = 3,72 \text{ at.}$$

$$p_i\,(AS) = \frac{222}{15 \cdot 4,0} = 3,70 \text{ at.}$$

$$p_m = \frac{3,72 + 3,70}{2} = \mathbf{3,71 \text{ at.}}$$

$$N_i = \frac{F \cdot p_m \cdot s \cdot n}{30 \cdot 75} =$$

$$= \frac{450,7 \cdot 3,71 \cdot 0,331 \cdot 155,2}{30 \cdot 75} =$$

$$= \mathbf{38,2 \text{ PS}}$$

$$N_e = \frac{Ql \cdot \pi \cdot n}{30 \cdot 75} =$$

$$= \frac{172,7 \cdot 0,954 \cdot \pi \cdot 155,2}{30 \cdot 75} = \mathbf{35,7 \text{ PS}}$$

$$\eta_m = \frac{N_e}{N_i} = \frac{35,7}{38,2} = \mathbf{0,93.}$$

2. Beispiel (mit Berücksichtigung beider Kolbenseiten).

$$p_i\,(KS) = \frac{143}{15 \cdot 4,0} = 2,38 \text{ at.}$$

$$p_i\,(AS) = \frac{134}{15 \cdot 4,0} = 2,23 \text{ at.}$$

$$N_i\,(KS) = \frac{444,4 \cdot 2,38 \cdot 0,331 \cdot 158,8}{60 \cdot 75} =$$

$$= 12,35 \text{ PS}$$

$$N_i\,(AS) = \frac{457,0 \cdot 2,23 \cdot 0,331 \cdot 158,8}{60 \cdot 75} =$$

$$= 11,98 \text{ PS}$$

$$N_i = 12,35 + 11,98 = 24,33 \curvearrowright \mathbf{24,3 \text{ PS}}$$

$$N_e = \frac{101,8 \cdot 0,954 \cdot \pi \cdot 158,8}{30 \cdot 75} = \mathbf{21,5 \text{ PS}}$$

$$\eta_m = \frac{21,5}{24,3} = \mathbf{0,88.}$$

B. Dampfverbrauchsversuch an einer

Hauptmaße:

Zylinderdurchmesser: Hochdruck   290 mm

Niederdruck   540 „

Kolbenstangendurchmesser: Hochdruck   60 mm | 48 mm

Niederdruck 60 „ | 48 „

$$\text{Wirksame Kolbenfl.: Hochdr. } F = \frac{29^2\,\pi}{4} - \tfrac{1}{2}\left(\frac{6{,}0^2\,\pi}{4} + \frac{4{,}8^2\,\pi}{4}\right) = 637{,}3 \text{ qcm}$$

$$F_{(KS)} = 632{,}2 \text{ qcm}; \quad F_{(AS)} = 642{,}4 \text{ „}$$

$$\text{Niederdruck } F' = \frac{54^2\,\pi}{4} - \tfrac{1}{2}\left(\frac{6{,}0^2\,\pi}{4} + \frac{4{,}8^2\,\pi}{4}\right) = 2266{,}8 \text{ „}$$

$$F'_{(KS)} = 2261{,}7 \text{ qcm}; \quad F'_{(AS)} = 2271{,}9 \text{ „}$$

Zylinderverhältnis: $637{,}3 : 2269{,}8 = 1 : 3{,}57.$

Kolbenhub: Hochdruck $s = 450$ mm

Niederdruck $s' = 450$ „

Speisewasser		Minutliche Drehzahl				Zeit	Dampf-		Vakuum im Kondensator	Schalttafel-Ablesungen	
							Druck at.	Temp. °C.			
Zeit	kg	Zeit	Ablesung	Differenz	n		vor der Maschine		cm Q-S	Volt	Amp
9^{26}	150	9^{25}	19 900	—	—	9^{26}	11,0	225	68,5	224	323
9^{38}	150	10^{25}	28 292	8 392	139,9	9^{45}	11,0	248	68,5	222	328
9^{49}	150	11^{25}	36 679	8 387	139,8	10^{00}	11,0	240	68,5	221	333
9^{59}	150	12^{25}	45 066	8 387	139,8	10^{15}	11,0	272	68,5	225	323
10^{08}	150	1^{30}	54 157	9 091	139,9	10^{30}	11,0	270	68,5	221	333
10^{16}	150	2^{25}	61 847	7 690	139,8	10^{45}	11,0	271	68,5	223	328
10^{27}	150					11^{00}	10,9	272	68,5	222	330
10^{38}	150					11^{15}	11,0	275	69	224	326
10^{48}	150					11^{30}	10,9	274	69	221	338
11^{00}	150					11^{45}	11,0	274	69	226	318
11^{16}	150					12^{00}	11,0	271	69	223	328
11^{30}	150					12^{15}	11,0	268	69	222	334
11^{46}	150					12^{30}	11,0	268	69	224	322
12^{03}	150					12^{45}	11,0	264	69	225	328
12^{19}	150					1^{00}	11,0	268	69	224	327
12^{33}	150					1^{15}	11,0	260	69	225	329
12^{46}	150					1^{30}	11,0	265	69	222	338
1^{00}	150					1^{45}	11,0	272	69	226	318
1^{13}	150					2^{00}	11,0	268	69	222	326
1^{26}	150					2^{15}	11,0	270	69	224	330
1^{39}	150					2^{30}	11,0	268	69	225	325
1^{54}	150					2^{45}	11,0	250	69	221	331
2^{08}	150					3^{00}	11,0	240	69	221	328
2^{24}	150										
Summe:	3600			41 977					6051	5133	7544
Mittel:					139,8		11,0	263	69	223	328

Heißdampf-Verbund-Kondensationsmaschine.

Versuchsaufschreibungen:

Versuchstag . . . .
Beobachter . . . .
Beginn 9²⁶
Schluß 3⁰⁷ } Dauer 5 Std. 41 Min. = 5,68 Std.
Wasserstand im Glas 150 mm.
„　　　„ Speisebehälter 150 mm.

Indikatoren:	Hochdruck	KS	AS	Niederdruck	KS	AS
Nummer	. . . .	.	. .		. . . .	. . .
Feder	kg	12	12		2	2
Maßstab	mm	3,5	3,5		10,0	10,0

Diagramm-Auswertung:

Nummer	Hochdruckzylinder						Niederdruckzylinder							
	Anfangsdruck at.		Füllung %		Planimeterwert[1]		Anfangsdruck at.		Füllung %		Vakuum at.		Planimeterwert[1]	
	KS	AS	KS	AS	KS	AS	KS	AS	KS	AS	KS	AS	KS	AS
1	10,9	10,8	25	25	183	180	1,10	1,10					142	150
2	10,8	10,8	24	25	180	181	1,08	1,10					140	150
3	10,9	10,9	25	25	182	180	1,11	1,09					142	150
4	10,9	10,9	25	24	183	180	1,09	1,10					141	150
5	10,8	10,9	24	24	181	180	1,10	1,10					140	151
6	10,9	10,8	25	24	182	181	1,10	1,09					140	150
7	10,7	10,7	25	25	183	183	1,09	1,10					140	150
8	10,9	10,9	25	26	184	185	1,12	1,11					145	152
9	10,8	10.7	24	25	180	182	1,11	1,10	konstant 44 %	konstant 44 %	konstant 0,80	konstant 0,85	142	150
10	10,9	10,8	25	25	184	183	1,09	1,10					140	151
11	10,9	10,9	26	25	186	184	1,08	1,08					140	151
12	10,9	10,8	24	25	180	183	1,10	1,10					140	150
13	10,8	10,9	25	25	185	182	1,10	1,10					140	151
14	10,9	10,9	25	25	183	182	1,10	1,10					140	151
15	10,8	10,8	24	25	180	183	1,12	1,10					142	151
16	10,9	10,9	26	24	181	180	1,09	1,10					140	150
17	10,9	10,9	25	25	183	185	1,10	1,09					140	150
18	10,8	10,9	25	25	183	182	1,10	1,10					140	150
19	10,9	10,8	26	25	185	183	1,09	1,10					140	151
20	10,9	10,9	25	25	184	183	1,09	1,10					140	150
21	10,8	10.9	24	24	181	181	1,11	1,09					141	150
22	10,9	10,8	25	25	183	183	1,10	1,10					140	152
23	10,9	10,9	26	26	185	186	1,10	1,09					140	150
	2498	2495	565	573	4201	4292	25.27	25,24					3234	3461
	10,9	10,9	25	25	183	182	1,10	1,10	44	44	0,80	0,85	140	150

[1]) Mit Spitzeneinstellung.

Vakuum im Kondensator 69 cm[1]) $= \dfrac{69}{73,5} =$ at.   0,94

Vakuum im Kondensator bei 757 mm
Barometerstand . . . . $\dfrac{69}{75,7} =$ %   91

Füllung im Hochdruckzylinder bezogen
auf Niederdruck . . . . $\dfrac{25}{3,57} =$ %   7,0

Mittlerer Druck im Hochdruckzylinder
$$p_{i(KS)} = \dfrac{183}{15 \cdot 3,5} = \quad \text{at.} \quad 3,49$$
$$p_{i(AS)} = \dfrac{182}{15 \cdot 3,5} = \quad \text{,,} \quad 3,47$$

Mittlerer Druck im Niederdruckzylinder
$$p_{i(KS)} = \dfrac{140}{15 \cdot 10,0} = \quad \text{at.} \quad 0,93$$
$$p_{i(AS)} = \dfrac{150}{15 \cdot 10,0} = \quad \text{,,} \quad 1,00$$

Indizierte Leistung:

a) im Hochdruckzylinder
$$N_{i(KS)} = \dfrac{632,2 \cdot 3,49 \cdot 0,45 \cdot 139,8}{60 \cdot 75} = \quad \text{PS} \quad 30,9$$
$$N_{i(AS)} = \dfrac{642,4 \cdot 3,47 \cdot 0,45 \cdot 139,7}{60 \cdot 75} = \quad \text{,,} \quad 31,2$$
$$N_{i_1} = 30,9 + 31,2 = \quad \text{,,} \quad \mathbf{62,1}$$

b) im Niederdruckzylinder
$$N_{i(KS)} = \dfrac{2261,7 \cdot 0,93 \; 0,45 \; 139,8}{60 \cdot 75} = \quad \text{,,} \quad 29,4$$
$$N_{i(AS)} = \dfrac{2271,9 \cdot 1,00 \cdot 0,45 \cdot 139,8}{60 \cdot 75} = \quad \text{,,} \quad 31,8$$
$$N_{i_2} = 29,4 + 31,8 = \quad \text{,,} \quad \mathbf{61,2}$$

c) indizierte Gesamtleistung $N_i = 62,1 + 61,2 = \quad$,,   **123,3**

Elektrische Leistung:

Spannung . . . .   Volt   223

Stromstärke . . . .   Amp.   328

Leistung . . . .
$$223 \cdot 328 = \quad \text{Watt} \quad 73\,200$$
$$N_{el} = \dfrac{73\,200}{736} = \quad \text{PS}_{el} \quad \mathbf{99,3}$$

---

[1]) Erfolgt die Ablesung des Vakuums in cm Q.S., so verwandelt man die cm in atm., indem man die Ablesung durch 73,5 (= Höhe einer Quecksilbersäule mit dem Druck 1 at) dividiert.

Nutzleistung der Dampfmaschine, wenn der Wirkungsgrad der Dynamo zu $\eta_d = 0,90$ und der Riemenverlust zu 2% angenommen wird,

$$N_e = \frac{N_{el}}{\eta_d \cdot (1-0,02)} = \frac{99,3}{0,90 \cdot 0,98} = PS\ \mathbf{112,5}$$

Mechanischer Wirkungsgrad der Dampfmaschine $\left\{ \eta_m = \frac{112,5}{123,3} = \right.$ 　　0,91

Speisewasserverbrauch:

a) im ganzen . . . . 　　kg　3600

b) in der Stunde . . . . $\dfrac{3600}{5,68} =$ 　„　634

c) in der Stunde für 1 PS_i . . . . . . $\dfrac{634}{123,8} =$ 　„　**5,12**

d) „　„　„　„ 1 PS_e . . . . . . $\dfrac{634}{112,5} =$ 　„　**5,63**

Wärmeinhalt von 1 kg Dampf:

$$668,1 + (263 - 186,9) \cdot 0,565 = WE\ \mathbf{711,1}$$

Wärmeverbrauch in der Stunde:

für 1 PS_i . . . . 　$5,12 \cdot 711,1 = WE\ \mathbf{3641}$

„ 1 PS_e . . . . 　$5,63 \cdot 711,1 =$ 　„　**4004**

Sechster Abschnitt.

Die Ermittlung des Arbeitsbedarfes der angetriebenen Arbeitsmaschinen.

(Gruppenindizierung.)

Wenn es sich darum handelt, den Arbeitsbedarf einzelner Arbeitsmaschinen oder Maschinengruppen festzustellen, dann kann man in folgender Weise verfahren: Man indiziert die Dampfmaschine zunächst bei leerlaufender Transmission, indem man etwa 5 — 10 Diagrammsätze abnimmt. Die hieraus sich ergebende, auf die normale Drehzahl der Dampfmaschine umgerechnete Leistung sei N_t. Dann wird die erste Arbeitsmaschine eingerückt und die Dampfmaschine wieder indiziert; die Zahl der Diagrammsätze richtet sich nach den mehr oder weniger großen Schwankungen der Beanspruchung; im allgemeinen reichen 10 Sätze aus. Die hieraus bestimmte Leistung sei bei normaler Drehzahl N_1. Dann rückt man, wenn möglich, diese Maschine aus und die nächste Maschine oder Maschinengruppe ein usw. Die berechneten Leistungen seien $N_2 N_3$ usw. Ist es möglich, den Hauptantriebsriemen der Dampfmaschine abzuwerfen, dann kann man durch Indizieren auch die Leerlaufsarbeit derselben bestimmen; sie betrage, auf die normale Drehzahl umgerechnet, N_l PS.

Hieraus ergibt sich folgende Zusammenstellung:

I. Dampfmaschine + leerlaufende Transmission. . . $= N_t$ PS

II. Wie I + 1. Arbeitsmaschine . . . . $= N_1$ „

III.   „   I + 2.   „   . . . . $= N_2$ „

                   ⋮   ⋮   ⋮

                   ⋮   ⋮   ⋮

p Wie I + n.   „   . . . . $= N_n$ „

q Leerlaufende Dampfmaschine. . . . . $= N_l$ „

Der Arbeitsbedarf jeder Arbeitsmaschine und der Transmission ergibt sich durch Differenzbildung wie folgt:

1. Arbeitsbedarf der 1. Arbeitsmaschine   II — I $= N_1 - N_t$ PS

2.   „   „ 2.   „   III — I $= N_2 - N_t$ „

⋮   ⋮   ⋮   ⋮   ⋮

⋮   ⋮   ⋮   ⋮   ⋮

n.   „   „ n.   „   p — I $= N_n - N_t$ „

           „   „ Transmission   I — q $= N_t - N_l$ „

In der Praxis liegen jedoch die Fälle nicht immer so einfach, wie dieser Rechnungsgang es voraussetzt. Um die möglichst größte Genauigkeit zu erzielen, wähle man die einzelnen Gruppen von Transmissionen und Arbeitsmaschinen, während deren Betrieb man indiziert, stets so, daß der zu berechnende Arbeitsbedarf sich als Differenz von verhältnismäßig kleinen Größen ergibt, oder daß die Differenz einen bedeutenden Teil der voneinander zu subtrahierenden Größen beträgt. Man vermeide es möglichst, zu einer schon indizierten Gruppe eine neue hinzuzuschalten, ohne die erstere auszurücken, weil infolge der Vergrößerung der voneinander zu subtrahierenden Größen wegen der unvermeidlichen Versuchsfehler die Differenz relativ ungenauer wird.

Weil bei der Berechnung der einzelnen indizierten Leistungen alle Größen mit Ausnahme der Planimeterwerte konstant sind, kann man diese Größen (nach S. 35) zu einer Gesamtkonstanten zusammenfassen und dadurch die Rechnung vereinfachen.

Musterbeispiel.

In einer Lack- und Farbenfabrik wurde wegen einer beabsichtigten Betriebsvergrößerung eine 25 pferdige Heißdampflokomobile aufgestellt. Der Arbeitsbedarf der zurzeit vorhandenen Arbeitsmaschinen sollte möglichst im einzelnen ermittelt werden.

Hauptabmessungen und Konstante.

		Hochdr.-Zyl.		Niederdr.-Zyl.	
		KS	AS	KS	AS
Zylinderdurchmesser	mm	160		260	
Kolbenstangendurchmesser	„	32	—	32	30
Nutzbare Kolbenfläche F	qcm	194	201	523	524
Kolbenhub s	m	0,33		0,33	
Normale minutliche Drehzahl		165			
Maßstab der Indikatorfeder f	mm/kg/qcm	8,0	8,0	25,0	25,0
Planimeterkonstante		15			
Maschinenkonstante (bei n = 165) C_{1-4}[1]		0,0195	0,0202	0,0169	0,0169
Indizierte Leistung[2]	PSi	$C_1 \cdot Pl$	$C_2 \cdot Pl$	$C_3 \cdot Pl$	$C_4 \cdot Pl$

[1] Indizierte Leistung einer Kolbenseite.

$$N_n = \frac{F \dfrac{Pl}{15 \cdot f} \cdot s \cdot n}{60 \cdot 75} = C \cdot Pl., \text{ hieraus:}$$

Maschinenkonstanten bei n = 165:

$$\text{Hochdruckzylinder KS: } C_1 = \frac{194 \cdot 0,33 \cdot 165}{15 \cdot 8 \cdot 60 \cdot 75} = 0,0195$$

$$\text{AS: } C_2 = \frac{201 \cdot 0,33 \cdot 165}{15 \cdot 8 \cdot 60 \cdot 75} = 0,0202$$

$$\text{Niederdruckzylinder KS: } C_3 = \frac{523 \cdot 0,33 \cdot 165}{15 \cdot 25 \cdot 60 \cdot 75} = 0,0169$$

$$\text{AS: } C_4 = \frac{524 \cdot 0,33 \cdot 165}{15 \cdot 25 \cdot 60 \cdot 75} = 0,0169$$

[2] Pl = Planimeterwert bei Spitzeneinstellung.

Indizierte Leistungen bei Betrieb der einzelnen Gruppen.

Benennung der Gruppen	Mittlere Planimeterwerte				Indizierte Leistungen PS				Gesamt-Leistung
	Hochdruck		Niederdruck		Hochdruck		Niederdruck		
	KS	AS	KS	AS	KS	AS	KS	AS	PS
I. Maschine + leerlaufende Transmission	171	24	98	93	3,3	0,5	1,7	1,6	7,1
II. Wie I + neu aufgestellter Kollergang	181	83	108	154	3,5	1,7	1,8	2.6	9,6
III. Wie I + Knetmaschine a	182	85	155	145	3,5	1,7	2,6	2,5	10,3
IV. „ III + Knetmasch. b	221	122	227	214	4,3	2,5	3,8	3,6	14,2
V. „ I + kleiner Kollergang	160	54	105	103	3,1	1,1	1,8	1,7	7,7
VI. Wie I + Farbenknetmaschine	157	55	105	104	3,0	1,1	1,8	1,7	7,6
VII. Wie I + Walzenreibmaschine	157	50	100	90	3,0	1,0	1,7	1,5	7,2
VIII. Wie I + 3 Farbmühlen + Harzmühle	157	60	108	100	3,0	1,2	1,8	1,7	7,7
IX. Wie I + leerlaufende Schleudermaschine+Luftpumpe	159	55	105	93	3,1	1,1	1,8	1,6	7,6
X. Wie I + Gesamtbetrieb	259	180	320	298	5,0	3,6	5,4	5,0	19,0
XI. Leerlauf der Dampfmaschine	107	13	60	51	2,1	0,3	1,0	0,9	4,3

Arbeitsbedarf der Arbeitsmaschinen.

Gruppen

1. Transmission	I—XI = 7,1 — 4,3 = PS	2,8
2. Neu aufgest. Kollergang	II—I = 9,6 — 7,1 = „	2,5
3. Knetmaschine a	III—I = 10,3 — 7,1 = „	3,2
4. Knetmaschine b	IV—III = 14,2 —10,3 = „	3,9
5. Beide Knetmaschinen .	IV—I = 14,2 — 7,1 = „	7,1
6. Kleiner Kollergang . . .	V—I = 7,7 — 7,1 = „	0,6
7. Farbenknetmaschine . .	VI—I = 7,6 — 7,1 = „	0,5
8. Walzenreibmaschine . .	VII—I = 7,2 — 7,1 = „	0,1
9. 3 Farbmühlen + Harzmühle	VIII—I = 7,7 — 7,1 = „	0,6
10. Leerlaufende Schleudermaschine + Luftpumpe	IX—I = 7,6 — 7,1 = „	0,5
11. Gesamtbetrieb (einschließlich Transmission	X—XI = 19,0 — 4,3 = „	14,7
12. Posten 6 bis 10 zus.	14,7 —(2,8 + 2,5 + 3,2 + 3,9)= „	2,3

Eine bedeutende Genauigkeit darf man von den Ergebnissen einer Gruppenindizierung nicht fordern, weil die Versuchsfehler infolge der Differenzbildung sich relativ vergrößern, wie folgendes Beispiel zeigt: In der obigen Zusammenstellung sei in der 1. Zeile die Leistung $I = 7,1$ PS um nur 1% zu groß, müßte also $\frac{7,1}{1,01} = 7,03$ PS sein; die Leistung $XI = 4,3$ PS sei um 1% zu klein, müßte also $\frac{4,3}{0,99} = 4,34$ PS sein. Die Differenz $I - XI$ müßte demnach $7,03 - 4,34 = 2,69$ PS betragen und weicht gegenüber der oben berechneten Differenz um $\frac{2,8 - 2,69}{2,69} \cdot 100 = 4,1\%$ ab.

Noch größer wird der Unterschied bei einem ebenso großen Fehler in der 6. Zeile, nämlich

$$V - I = \frac{7,7}{1,01} - \frac{7,1}{0,99} = 7,6 - 7,4 = 0,4 \text{ PS oder}$$

$$\frac{0,6 - 0,4}{0,6} \cdot 100 = 33\%.$$

Abweichungen der unmittelbar festgestellten indizierten Leistungen von nur 1% können also einen sehr beträchtlichen Fehler bei der Berechnung des Arbeitsbedarfes zur Folge haben. Aus diesem Grunde sind die Ergebnisse der Zeilen 6—10 unsicher und wurden bei Zeile 9 Gruppe VIII mehrere kleinere Maschinen zusammengenommen.

Anhang.

Rankinisieren der Diagramme einer Verbundmaschine.

Diesem nach seinem Erfinder Rankine benannten Verfahren liegt folgender Gedanke zugrunde:

Der in den Hochdruckzylinder eintretende, dort expandierende, dann in den Niederdruckzylinder eintretende und nochmals expandierende Dampf könnte theoretisch dieselbe Arbeit leisten, wenn er mit seiner Eintrittsspannung unmittelbar in den Niederdruckzylinder eintreten und dort seine Gesamtexpansion ausführen würde.

Das Verfahren des Rankinisierens ist aus Abb. 36 ersichtlich. Die beiden zusammengehörigen[1] Hoch- und Niederdruckdia-

---

[1] Bei einer Verbundmaschine mit voreilender Niederdruckkurbel gehören zusammen: Hochdruck-Kurbelseite und Niederdruck-Kurbelseite; bei einer Verbundmaschine mit voreilender Hochdruck-Kurbel und bei einer Tandemmaschine gehören zusammen: Hochdruck-Kurbelseite und Niederdruck-Außenseite.

gramme enthält Abb. 37. Beide Diagramme sind auf einen gemeinsamen Druckmaßstab umzuzeichnen. Die Länge l_1 des umgezeichneten Hochdruckdiagrammes ist gleich der Länge l_2 des

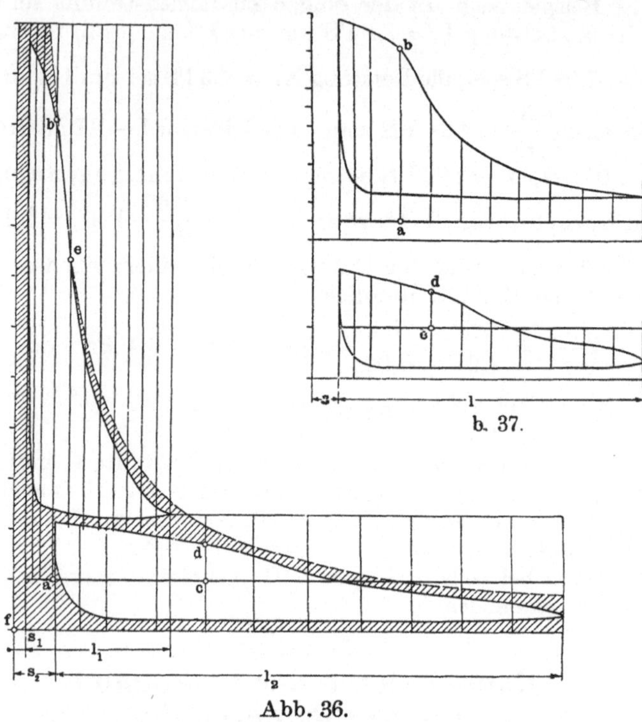

Abb. 36.

Niederdruckdiagrammes, dividiert durch die Zylinderverhältniszahl λ (Verhältnis der beiden Kolbenflächen), also

$$l_1 = \frac{l_2}{\lambda};$$

die ursprünglichen Verhältnisse waren:

    Länge beider Diagramme $1 = 60$ mm,
    Zylinderverhältnis $1 : \lambda = 1 : 3{,}57$,
    Maßstab des Hochdruckdiagrammes 3,75 mm,
    Maßstab des Niederdruckdiagrammes 10,0 mm.

Die Länge l_2 des rankinisierten Niederdruckdiagrammes wurde zu 200 mm angenommen, dann beträgt die Länge des rankinisierten Hochdruckdiagrammes

$$l_1 = \frac{l_2}{\lambda} = \frac{200}{3,57} = 56 \text{ mm};$$

der schädliche Raum betrage 8%, also wird

$$s_1 = 56 \cdot 0,08 = 4,5 \text{ mm};$$

der schädliche Raum des Niederdruckzylinders betrage ebenfalls 8%; dann wird

$$s_2 = 200 \cdot 0,08 = 16 \text{ mm};$$

damit sind die Längen der Diagramme festgelegt.

Nun teilt man beide Diagramme (Abb. 37) in 10 gleiche Teile, halbiert den ersten Teil (wegen der Kompression) zweckmäßig nochmals und multipliziert die Ordinaten des Hochdruckdiagrammes mit dem Verhältnis des gewählten Maßstabes zum Hochdruckmaßstab. Wählt man z. B. im rankinisierten Diagramm den Niederdruckmaßstab zu 20 mm, so sind die Ordinaten des Hochdruckdiagrammes mit $\frac{20}{3,75} = 5,33$ zu multiplizieren; z. B. die Strecke $ab = 34,4$ mm in Abb. 37 ist mit $5,33 \cdot 34,4 = 183$ mm in Abb. 36 zu übertragen.

Die Ordinaten des Niederdruckdiagrammes sind mit dem Verhältnis des neuen Niederdruckmaßstabes zu dem des ursprünglichen Diagrammes multipliziert zu übertragen, im vorliegenden Falle also mit $\frac{20}{10} = 2,00$; z. B. die Strecke $cd = 7,8$ mm in Abb. 37 ist mit $2 \cdot 7,3 = 14,6$ mm in Abb. 36 zu übertragen,

Bemerkung: Die Abb. 36 ist im Verhältnis zu Abb. 37 um das Doppelte verkleinert dargestellt; deshalb erscheint cd in Abb. 36 = cd in Abb. 37.

Zieht man nach dem S. 22 angegebenen Verfahren durch einen am Anfang der Expansionslinie des Hochdruckdiagrammes gelegenen Punkt e für gesättigten Dampf eine gleichseitige Hyperbel mit dem Mittelpunkt f, für Heißdampf eine Adiabate mit der Gleichung $pv^{1,3} =$ const., so kann man aus dem Abstand des Niederdruckdiagrammes von dieser Kurve und vom Hochdruckdiagramm durch Vergleich mit anderen rankinisierten Diagrammen Schlüsse auf die mehr oder weniger gute Ausnutzung des Dampfes in der Maschine ziehen.

Das Verhältnis der Diagrammflächen zur Summe der Diagrammflächen und der schraffierten Flächen nennt man **Völligkeitsgrad**.

Zweiter Teil

Dampfkessel-Untersuchung.

Gegenstand der Untersuchung einer Dampfkessel-Anlage ist die Ermittlung:

1. der Brutto- oder rohen Verdampfungsziffer x und der auf Normaldampf bezogenen Verdampfungsziffer x_n;
2. der stündlichen Dampfleistung auf 1 qm Heizfläche und der stündlichen Rostbeanspruchung auf 1 qm Rostfläche;
3. der Wärmeausnutzung und der Wärmeverluste;
4. des Dampf- und Wärmepreises.

Erster Abschnitt.

Ermittlung der Verdampfungsziffern.

Bezeichnet man die in einer bestimmten Zeit erzeugte Dampfmenge mit D, die in derselben Zeit verheizte Kohlenmenge mit K, so ist die

$$\textbf{Brutto-Verdampfungsziffer } x = \frac{D}{K};$$

diese gibt also an, wieviel Kilogramm Dampf durch Verbrennung von 1 kg Kohle erzeugt wurden; zu ihrer Feststellung wird sowohl das in einer bestimmten Zeit verdampfte Speisewasser als auch die zu seiner Verdampfung erforderliche Kohlenmenge gewogen. Die Speisewasserwägung wird nach den auf S. 41 gemachten Angaben durchgeführt; außerdem ist die Temperatur des Speisewassers regelmäßig zu beobachten. Damit die gewogene Kohlenmenge wirklich der innerhalb der Versuchszeit erzeugten Dampfmenge entspricht, muß -das Feuer zu Anfang des Versuches sich in demselben Zustand befinden wie am Ende des Versuches; dies erreicht man folgendermaßen: Eine bestimmte Zeit, z. B. eine Stunde vor dem beabsichtigten Versuchsanfang, wird ausgeschlackt; kurz vor Versuchsanfang, also während der Einstellung des Wasserspiegels, läßt man das Feuer etwas niederbrennen, so daß man deutlich übersehen kann, wie der Rost bedeckt ist. Dann erst stellt man den Wasserstand fest und beginnt den Versuch durch Aufwerfen von Kohle aus einem abgewogenen Vorrat. Gleichzeitig wird der Aschenfall ausgeräumt. Das letzte Ausschlacken erfolgt um denselben Zeitraum vor dem beabsichtigten Versuchsschluß, wie das erste vor dem Versuchsbeginn. Vor dem Abstellen der Speisepumpe hält man den Wasserstand im Kessel um so viel über der Marke, als er nach dem Abstellen der Pumpe, während das Feuer niederbrennt, sinken wird. Dieses Maß kann man sich während des Versuches aus der Verdampfungsoberfläche des Kessels und der überschlägig ermittelten Dampfleistung ausrechnen. Ist der Wasserspiegel an der Marke angelangt, dann soll das Feuer ebensoweit niedergebrannt sein wie zu Anfang des Versuches. Damit ist der Versuch beendigt. Ist das Feuer schon niedergebrannt, bevor der Wasserspiegel erreicht ist, so wird vorsichtig noch etwas Kohle aufgeworfen. Ist der Wasserspiegel schon erreicht, lange bevor das Feuer niedergebrannt ist, so muß nachgespeist werden. Dadurch verlängert sich jedoch die Versuchszeit unter Umständen ganz bedeutend, weil nach den Bestimmungen der „Normen" mindestens 10 Minuten vor Schluß nicht mehr gespeist werden darf. Man muß also gegen Schluß des Versuches den Wasserstand und den Feuerzustand aufmerksam beobachten. Am Ende des Versuches wird der Aschenfall wieder ausgeräumt. Die während des Versuches angefallenen Rückstände: Schlacken und Asche sind zu wägen. Ferner ist darauf zu achten, daß der Dampfdruck zu Ende des Versuches derselbe ist wie zu Anfang. Als Versuchsdauer bestimmen die „Normen" 10 Stunden, bei gleichmäßiger Beanspruchung der Kesselanlage mindestens 8 Stunden.

Zur späteren Feststellung des Heizwertes der Kohle ist während des Versuches eine **Durchschnittsprobe** zu nehmen. Über die Probenahme bestimmen die „Normen" folgendes:

„Von jeder Ladung (Karre, Korb u. dgl.) des zugeführten Brennstoffes wird eine Schaufel voll in ein mit einem Deckel versehenes Gefäß geworfen. Sofort nach Beendigung des Verdampfungsversuches wird der Inhalt des Gefäßes zerkleinert, gemischt, quadratisch ausgebreitet und durch die beiden Diagonalen in 4 Teile geteilt. Zwei gegenüberliegende Teile werden fortgenommen, die beiden anderen wieder zerkleinert, gemischt und geteilt. In dieser Weise wird fortgefahren, bis eine Probemenge von etwa 10 kg übrig bleibt, welche in gut verschlossenen Gefäßen zur Untersuchung gebracht wird."

Wenn das Gewicht der Herdrückstände mehr als 5 % des Kohlengewichtes beträgt, oder wenn die Rückstände augenscheinlich viel Verbrennliches enthalten, so empfiehlt es sich, auch den Herdrückständen eine Probe zu entnehmen und untersuchen zu lassen. Dabei ist zur Vermeidung von Fehlern folgendes zu beachten: Werden die Rückstände trocken gewogen, so kann die Probenahme zu jeder beliebigen Zeit erfolgen, und die Probe braucht nicht luftdicht verschlossen oder sonst vor Feuchtigkeit bewahrt zu werden, weil später doch nur der auf trockene Rückstände bezogene Kohlenstoffgehalt in Rechnung zu ziehen ist. Erfolgt dagegen die Wägung der Rückstände in abgelöschtem Zustand, so muß die Probe sofort nach der Beendigung des Versuches genommen und luftdicht verschlossen werden. Dann hat die Probe bei der chemischen Untersuchung denselben Wassergehalt wie bei der Wägung, und es entstehen bei der Umrechnung auf trockene Rückstände keine Fehler.

Besondere Sorgfalt ist bei Versuchen an Kesseln mit Wanderrosten auf die richtige Einstellung der Kohlenschicht im Fülltrichter zu verwenden, weil bei der großen Oberfläche der Trichter beträchtliche Fehler entstehen können. Es empfiehlt sich, den Versuch mit tiefer Lage der Kohlenoberfläche anzufangen, die Kohlenoberfläche eben und wagerecht auszugleichen, ihren Abstand vom Trichterrand zu messen und ihre Lage durch einen ringsumlaufenden Kreidestrich zu bezeichnen. Dann sind alle Bedingungen gegeben, um beim Schluß des Versuches die Kohlenschicht so einzustellen wie beim Beginn. Außerdem muß natürlich die Höhe der Brennschicht auf dem Rost und die Rostgeschwindigkeit bei Versuchsanfang und Versuchsschluß die gleiche sein. Um alle genannten Fehlerquellen möglichst gering zu halten, soll die Versuchsdauer möglichst lang sein, also bei durchgehendem Betrieb 24 Stunden.

Beispiel: Bei einem Verdampfungsversuch wurden in 6 Stunden 26 Minuten 464,3 kg Kohle verheizt und 4200 kg Wasser verdampft. Die Brutto-Verdampfungsziffer beträgt

$$x = \frac{4200}{464,3} = 9,05;$$ das Gewicht der Rückstände betrug

$$17,0 \text{ kg} = \frac{17 \cdot 100}{464,3} = 3,66 \%$$ der verheizten Kohlenmenge, also weniger als 5 %. Da die Rückstände augenscheinlich viel Verbrennliches enthielten, entnahm man denselben eine Probe (Ergebnisse siehe im 3. Abschnitt).

Unter Normaldampf versteht man Dampf von 100° ($= 1$ at. abs.), der aus Wasser von 0° erzeugt wurde. Die Erzeugungswärme für 1 kg Normaldampf beträgt $\lambda_\mathrm{n} = 639,3\,\mathrm{WE}$.

Für gesättigten, aus Wasser von 0° erzeugten Dampf kann die entsprechende Erzeugungswärme λ_s der folgenden Zahlentafel[1]) (S. 61 u. 62) entnommen werden. Weil aber 1 kg Speisewasser von τ° C für je 1° C seiner Eigentemperatur 1 WE enthält, welche im Kessel dem Wasser nicht mehr zugeführt zu werden braucht, sind von λ_s so viele WE zu subtrahieren, als zur Erwärmung des Speisewassers von 0° auf τ° erforderlich waren; die in Rechnung zu setzende Erzeugungswärme ist also

$$\lambda = \lambda_\mathrm{s} - \tau.$$

Absol. Druck	Temperatur	Flüssigkeitswärme für 1 kg	Verdampfungswärme für 1 kg		Gesamtwärme für 1 kg	Spezif. Gewicht	Spezif. Volumen
			innere	äußere			
kg/qcm	$^\circ$ C	q	ϱ	$A\,p\,u$	λ	kg/cbm	cbm/kg
0,02	17,3	17,3	553,6	31,91	602,9	0,01468	68,126
0,04	28,8	28,8	546,3	33,15	608,3	0,02826	35,387
0,06	36,0	36,0	541,7	33,92	611,6	0,04142	24,140
0,08	41,3	41,4	538,2	34,49	614,1	0,05432	18,408
0,10	45,6	45,7	535,4	34,94	616,0	0,06703	14,920
0,12	49,2	49,3	533,1	35,32	617,7	0,07956	12,568
0,15	53,7	53,8	530,1	35,79	619,7	0,09814	10,190
0,20	59,9	59,9	526,1	36,42	622,4	0,12858	7,777
0,25	64,6	64,8	522,9	36,92	624,6	0,1586	6,307
0,30	68,7	68,9	520,2	37,34	626,4	0,1881	5,316
0,35	72,3	72,5	517,8.	37,70	628,0	0,2174	4,600
0,40	75,5	75,7	515,6	38,02	629,4	0,2463	4,060
0,50	80,9	81,2	512,0	38,56	631,7	0,3036	3,2940
0,60	85,5	85,8	508,8	39,01	633,7	0,3601	2,7770
0,70	89,5	89,9	506,1	39,39	635,3	0,4160	2,4040
0,80	93,0	93,5	503,6	39,73	636,8	0,4713	2,1216
0,90	96,2	96,7	501,6	40,03	638,1	0,5262	1,9003
1,0	99,1	99,6	499,4	40,30	639,3	0,5807	1,7220
1,1	101,8	102,3	497,5	40,55	640,7	0,6349	1,5751
1,2	104,2	104,8	495,7	40,78	641,3	0,6887	1,4521
1,4	108,7	109,4	492,6	41,18	643,1	0,7955	1,2571
1,6	112,7	113,4	489,7	41,54	644,7	0,9013	1,1096
1,8	116,3	117,1	487,1	41,85	646,0	1,0062	0,9939

(Fortsetzung auf Seite 62.)

---

[1]) Nach Mollier.

Absol. Druck	Temperatur	Flüssigkeitswärme für 1 kg	Verdampfungswärme für 1 kg		Gesamtwärme für 1 kg	Spezif. Gewicht	Spezif. Volumen
			innere	äußere			
kg/qcm	°C	q	ϱ	A p u	λ	kg/cbm	cbm/kg
2,0	119,6	120,4	484,7	42,14	647,2	1,1104	0,9006
2,5	126,7	127,7	479,4	42,74	649,9	1,3680	0,7310
3,0	132,8	133,9	474,9	43,23	652,0	1,6224	0,6163
3,5	138,1	139,4	470,8	43,65	653,8	1,8743	0,5335
4,0	142,8	144,2	467,2	44,01	655,4	2,1239	0,4708
4,5	147,1	148,6	463,9	44,33	656,8	2,3716	0,4217
5,0	151,0	152,6	460,8	44,61	658,1	2,6177	0,3820
5,5	154,6	156,3	458,0	44,87	659,2	2,8624	0,3494
6,0	157,9	159,8	455,3	45,10	660,2	3,1058	0,3220
6,5	161,1	163,0	452,8	45,32	661,1	3,3481	0,2987
7,0	164,0	166,1	450,4	45,51	662,0	3,5891	0,2786
7,5	166,8	168,9	448,2	45,67	662,8	3,8294	0,2611
8,0	169,5	171,7	446,0	45,86	663,5	4,0693	0,2458
8,5	172,0	174,3	443,9	46,02	664,2	4,3072	0,2322
9,0	174,4	176,8	441,9	46,17	664,9	4,5448	0,2200
9,5	176,7	179,2	440,0	46,30	665,5	4,7819	0,2091
10,0	178,9	181,5	438,2	46,43	666,1	5,018	0,1993
11,0	183,1	185,8	434,6	46,67	667,1	5,489	0,1822
12,0	186,9	189,9	431,3	46,88	668,1	5,960	0,1678
13,0	190,6	193,7	428,2	47,08	668,9	6,425	0,15565
14,0	194,0	197,3	425,2	47,26	669,7	6,889	0,14515
15,0	197,2	200,7	422,4	47,43	670,5	7,352	0,13601
16,0	200,3	203,9	419,7	47,58	671,2	7,814	0,12797
18,0	206,1	210,0	414,6	47,85	672,4	8,734	0,11450
20,0	211,3	215,5	409,8	48,08	673,4	9,648	0,10365

Beispiel: Bei dem oben genannten Verdampfungsversuch betrug der mittlere Dampfüberdruck 10,9 at., die Temperatur des Speisewassers 50,5° C; wie groß ist die Erzeugungswärme für 1 kg Dampf? Die Manometer geben stets den Dampfdruck als das den atmosphärischen Druck übersteigende Maß an; der Zahlentafel ist jedoch der absolute Druck, also Überdruck + 1 at. zugrunde gelegt.

Für den absoluten Druck 11,9 at. beträgt demnach

$$\lambda_\mathrm{s} = 668,1 \text{ WE und}$$

$$\lambda = \lambda_\mathrm{s} - \tau = 668,1 - 50,5 = \mathbf{617,6 \ WE.}$$

Bemerkungen über die Speisewassertemperatur Wird das Speisewasser im Speisebehälter vorgewärmt und mit einer Pumpe unmittelbar in den Kessel befördert, so ist die im Speisebehälter ermittelte Temperatur in Rechnung zu setzen. Dient ein Injektor als Speisevorrichtung, dann muß die Temperatur ebenfalls im Speisebehälter, also vor dem Injektor gemessen werden; denn die Temperaturerhöhung erfolgt durch Kondensation des Injektordampfes, der mit seinem Wärmeinhalt dadurch dem Kessel zum größten Teil wieder zugeführt wird und wieder verdampft, zum geringeren Teil mit dem Schlabberwasser in den Speisebehälter gelangt. Bei genauen Versuchen verbieten die „Normen" die Speisung mit einem Injektor. Wird das Speisewasser erst durch einen Vorwärmer gedrückt, der mit Abdampf oder Frischdampf geheizt wird, so gilt als Speisewassertemperatur die Temperatur hinter dem Vorwärmer. Bei Lokomobilen ist meist ein derartiger Vorwärmer angebracht, und es wäre deshalb ein großer Fehler, wenn man die Wassertemperatur im Speisebehälter in Rechnung setzen wollte; man erhielte dann fälschlich eine zu große Wärmeausnutzung des Kessels. Geht das Speisewasser durch einen Ekonomiser. (Rauchgasausnutzer), dann ist die Speisewassertemperatur vor dem Ekonomiser zu setzen (außer wenn man in der Wärmebilanz[1]) den Anteil des Ekonomisers an der nutzbar gemachten Wärme besonders zum Ausdruck bringen will).

Bei überhitztem Dampf ist zur Erzeugungswärme noch die Überhitzungswärme[2]) zu addieren. Die Berechnung der gesamten Erzeugungswärme erfolgt ebenso wie die Berechnung des auf Wasser von $0°$ bezogenen Wärmeinhaltes von 1 kg Heißdampf, nur muß natürlich die Speisewassertemperatur abgezogen werden.

Beispiel: Bei unserem Verdampfungsversuch wurde die mittlere Dampftemperatur zu $232°C$ festgestellt; die Erzeugungswärme beträgt demnach

$$\lambda = 617,6 + (232 - 186,9) \cdot 0,589 = 617,6 + 26,6$$
$$= 644,2 \sim 644 \text{ WE}.$$

Die auf Normaldampf bezogene Verdampfungsziffer x_n berechnet sich nach dem Ansatz:

bei λ WE Erzeugungswärme ist die Verdampfungsziffer x,

„ 1 „ „ „ „ „ $x\lambda$,

„ 639 „ „ „ „ „ $\dfrac{x \cdot \lambda}{639}$

$$\text{zu } x_n = \frac{x \cdot \lambda}{639}.$$

$$\text{Beispiel:} \quad x_n = \frac{9{,}05 \cdot 644}{639} = 9{,}12.$$

Das Produkt $x \cdot \lambda$ ist zugleich die von 1 kg Kohle nutzbar gemachte Wärmemenge; denn für die Erzeugung von je 1 kg Dampf müssen dem Kessel λ WE zugeführt werden. 1 kg Kohle erzeugt aber durch seine Verbrennung x kg Dampf, also werden durch die Verbrennung von 1 kg Kohle $x \cdot \lambda$ WE an den Kesselinhalt übertragen, d. h. nutzbar gemacht.

Zweiter Abschnitt.

Die stündliche Dampfleistung auf 1 qm Heizfläche und die stündliche Rostbeanspruchung auf 1 qm Rostfläche.

Bezeichnet man die Kesselheizfläche mit H qm und die Versuchsdauer mit a Std., so beträgt die

$$\text{stündliche Dampfleistung} \quad \frac{D}{a \cdot H} \text{ kg/qm.}$$

Beispiel: Unser Versuchskessel hatte eine Heizfläche von 53,0 qm; beim Versuch, der 6 Std. 26 Min. = 6,43 Std. dauerte, betrug demnach die

$$\text{stündliche Dampfleistung} \quad \frac{4200}{6{,}43 \cdot 53{,}0} = 12{,}3 \text{ kg/qm.}$$

Die normalen Dampfleistungen für die hauptsächlichsten Kesselbauarten enthält folgende Zusammenstellung:

Mehrfacher Walzenkessel	$12 \div 16$ kg.
Flammrohrkessel	$16 \div 20$ „
Heizrohrkessel	$10 \div 15$ „
Wasserrohrkessel: gewöhnliche .	$15 \div 25$ „
Hochleistungskessel	bis 40 „
Lokomobilkessel	$10 \div 15$ „
Doppelkessel	$10 \div 13$ „

Als Kesselheizfläche gilt derjenige Teil der Kesseloberfläche, der einerseits von den Heizgasen, andererseits von Wasser bespült ist; die Heizfläche ist nach dem Kesselgesetz bei Landkesseln auf der Feuerseite, bei Schiffskesseln auf der Wasserseite zu messen.

Bezeichnet man die stündlich verheizte Kohlenmenge mit K und die gesamte Rostfläche mit R, so beträgt die

stündliche Rostbeanspruchung $\dfrac{K}{a \cdot R}$ kg/qm;

diese Ziffer wird auch Brenngeschwindigkeit genannt.

Beispiel: Unser Versuchskessel hatte eine Rostfläche von 0,70 qm, demnach betrug die

Brenngeschwindigkeit $\dfrac{464,3}{6,43 \cdot 0,70} = \mathbf{103,1\ kg/qm.}$

Für Steinkohle beträgt die normale Brenngeschwindigkeit etwa 80—100 kg/qm, je nach der verfügbaren Zugstärke und nach der Neigung der Kohle zur Bildung von Schlacken; für Braunkohle liegt die normale Brenngeschwindigkeit zwischen 100 und 200 kg/qm.

Als Rostfläche ist beim Planrost das Produkt aus Rostlänge mal Rostbreite, beim Schräg- und Stufenrost das Produkt aus Rostbreite mal der Länge des geneigten Teiles einzusetzen, etwaige Schweelplatten gehören nicht zur Rostfläche.

Dritter Abschnitt.
Berechnung der Wärmeausnutzung und der Wärmeverluste.

Unter Wärmeausnutzung versteht man das Verhältnis der von 1 kg Kohle zur Dampferzeugung (und Dampfüberhitzung) nutzbar gemachten Wärmemenge zum Heizwert der Kohle. Bezeichnet man die rohe Verdampfungsziffer mit x, die Erzeugungswärme mit λ und den Heizwert mit W, dann ist mit Beziehung auf S. 64 die

Wärmeausnutzung $\eta = \dfrac{\lambda \cdot x}{W}.$

Beispiel: Bei unserem Versuch wurde Ruhr-Stückkohle von der Zeche Mathias Stinnes verheizt, deren Heizwert 7726 WE betrug, demnach berechnet sich die Wärmeausnutzung zu

$$\eta = \frac{x \cdot \lambda}{W} = \frac{9,05 \cdot 644}{7726} = \frac{5828}{7726} = \mathbf{0,754}\ \text{oder}\ \mathbf{75,4\%.}$$

Die Wärmeausnutzung soll bei guter Kohle nicht unter 70% betragen.

Die Wärmeverluste sind folgende:

a) Verluste durch Verbrennliches in den Herdrückständen,
b)   „   „   die in den Abgasen enthaltene Wärme,
c)   „   „   Strahlung, Leitung, Ruß und unverbrannte
     Gase (Restverlust).

Man berechnet diese Verluste für 1 kg verheizte Kohle und stellt sie mit der nutzbar gemachten Wärme in einer sog. Wärmebilanz zusammen.

a) Verluste durch Verbrennliches in den Herdrückständen.

Betragen die trocken gewogenen Herdrückstände p% von der verheizten Kohlenmenge und enthalten die Herdrückstände in trockenem Zustand q % reinen Kohlenstoff, dessen Heizwert stets zu 8100 WE angenommen wird, so ist der auf 1 kg Kohle bezogene Verlust

$$V_h = \frac{p}{100} \cdot \frac{q}{100} \cdot 8100 \; \text{WE.}$$

Dividiert man V_h durch den Heizwert der verheizten Kohle, so erhält man den prozentualen Anteil dieses Verlustes an der Gesamtwärmemenge.

Beispiel: Bei unserem Versuch betrugen die Rückstände p = 3,66% von der verheizten Kohlenmenge; nach der chemischen Analyse enthielten sie q = 67,03% Kohlenstoff; daher berechnet sich der Verlust V_h zu

$$V_h = \frac{3,66}{100} \cdot \frac{67,03}{100} \cdot 8100 = 0,0366 \cdot 0,6703 \cdot 8100 = \mathbf{199 \; WE}$$

oder
$$V_h' = \frac{199}{7726} = 0,026 = \mathbf{2,6\%.}$$

Rechnungsgang bei feuchten Rückständen.

Fall 1. Die Rückstände sind trocken gewogen und wurden feucht untersucht. Das Ergebnis sei beispielsweise folgendes:

        Kohlenstoff . . . . 46,37%.
        Reinasche . . . . 29,86 „
        Wasser . . . . 23,77 „
                                          ─────────
                                           100,00%.

Der Kohlenstoffgehalt der trockenen Rückstände berechnet sich nach dem Ansatz:

100 — 23,77 = 76,23 Teile trockene Rückstände enthalten 46,37 Teile Kohlenstoff, 1 Teil trockene Rückstände enthält

$\dfrac{46,37}{76,23}$ Teile Kohlenstoff, 100 Teile trockene Rückstände enthalten

$\dfrac{46,37}{76,23} \cdot 100$ Teile Kohlenstoff, zu:

$$q = \frac{46,37}{76,23} \cdot 100 = 60,8\%;$$

diese Zahl ist in den Ausdruck für V_h einzuführen.

Fall 2. Die Rückstände sind feucht gewogen und unter Beobachtung der im 1. Abschnitt angegebenen Vorsichtsmaßregeln untersucht worden; das Ergebnis sei wieder folgendes:

Kohlenstoff 46,37%
Reinasche . . . . 29,86 „
Wasser . . . . 23,77 „

Ferner betrage das Gewicht der feuchten Rückstände 6,73% von der verheizten Kohlenmenge. Von diesen 6,73% sind jedoch 23,77% Wasser; also beträgt die Menge der Rückstände, die ja in trockenem Zustand aus dem Feuer gezogen wurden, nur

$$p = 6,73 \, \frac{6,73 \cdot 23,77}{100} = 6,73 - 1,60 = 5,13\%;$$

außerdem ist wie oben

$$q = \frac{46,37}{76,23} \cdot 100 = 60,8\%$$

in die Rechnung einzuführen; demnach erhält man

$$V_h = 0,0513 \cdot 0,608 \cdot 8100 = 252 \ \text{WE}.$$

Bemerkung: Will man nur den Verlust berechnen und nicht auch das Verhältnis der Herdrückstände in trockenem Zustand zur verheizten Kohlenmenge, so kann man (aber nur im Fall 2) die für feuchte Rückstände ermittelten Zahlen für p und q in die Formel für V_h einsetzen; in unserm Beispiel wird

$$V_h = 0,0673 \cdot 0,4637 \cdot 8100 = 252 \ \text{WE (wie oben)}.$$

b) Verlust durch die in den Abgasen enthaltene Wärme.

Dieser Verlust ist bei den meisten Kesselanlagen der größte und läßt sich bei unwirtschaftlich arbeitenden Kesseln durch geeignete Maßnahmen vermindern; seine Größe erhält man, wenn man die von 1 kg Kohle erzeugte Rauchgasmenge mit ihrer spezifischen Wärme und dem Temperaturüberschuß der Abgase gegenüber der zugeführten Luft multipliziert. Um die von 1 kg

Kohle erzeugte Rauchgasmenge annähernd zu berechnen, sei nachstehende Betrachtung angestellt. Die Kohle enthalte

$$C\% \text{ Kohlenstoff,}$$
$$H \text{ „ Wasserstoff,}$$
$$(O + N) \text{ „ Sauerstoff} + \text{Stickstoff,}$$
$$S \text{ „ Schwefel,}$$
$$A \text{ „ Asche und}$$
$$W \text{ „ Wasser.}$$

Von diesen Bestandteilen kommen nur C, H und W in Frage, während O, N und S vernachlässigt werden können.

In reinem Sauerstoff würde der Kohlenstoff zu Kohlensäure verbrennen nach der Gleichung

$$C + O_2 = CO_2 \text{ oder}$$
$$12 + 32 = 44,$$

d. h. aus 1 kg Kohlenstoff entstehen $\dfrac{44}{12} = 3{,}667$ kg Kohlensäure;

mit dem spezifischen Gewicht 1,977 für 1 cbm Kohlensäure bei 0° und 760 mm Barometerstand ergeben sich aus

$$1 \text{ kg Kohlenstoff } \frac{3{,}667}{1{,}977} = \frac{1}{0{,}536} \text{ cbm } CO_2 ,$$

folglich geben $C\%$ Kohlenstoff $\dfrac{1}{0{,}536} \cdot \dfrac{C}{100}$ cbm CO_2.

Die Verbrennung erfolgt jedoch in atmosphärischer Luft, und zwar mit Luftüberschuß, deshalb enthalten die Heizgase auch Stickstoff und Sauerstoff; durch die Untersuchung der Heizgase sei deren Kohlensäuregehalt zu $k\%$ ermittelt worden. Die aus $C\%$ Kohlenstoff erzeugte trockene Heizgasmenge G (cbm) berechnet sich dann aus der Proportion:

$$\left(\frac{1}{0{,}536} \cdot \frac{C}{100} \right) : G = k : 100,$$

hieraus

$$G = \frac{C}{0{,}536 \cdot k} \text{ cbm (bei } 0^{\circ} \text{ und 760 mm).}$$

Der Wasserstoff verbrennt nach der Gleichung

$$H_2 + O = H_2O \text{ oder}$$
$$2 + 16 = 18,$$

d. h. 1 kg Wasserstoff erzeugt $\dfrac{18}{2} = 9$ kg Wasserdampf, also geben $H\%$ Wasserstoff $\dfrac{9\,H}{100}$ kg Wasserdampf; dazu kommt noch das ursprünglich in der Kohle vorhandene Wasser (W %), das ebenfalls als Wasserdampf in den Rauchgasen erscheint: also gibt

$$1 \text{ kg Kohle } \frac{C}{0,536 \cdot k} \text{ cbm Rauchgas und}$$

$$\frac{9H + W}{100} \text{ kg Wasserdampf.}$$

Nimmt man die mittlere spezifische Wärme des trockenen Rauchgases zu 0,32 für 1 cbm und des Wasserdampfes zu 0,48 für 1 kg an, hat man ferner die Temperatur der abziehenden Heizgase zu T und die der zugeführten Luft zu t festgestellt, so erhält man als **Verlust durch die Abgase (Schornsteinverlust)**

$$V_s = \left(0,32 \frac{C}{0,536 \cdot k} + 0,48 \frac{9H + W}{100} \right) (T - t).$$

Die Verwendung dieser **Bunteschen Formel** kann jedoch bei sehr schwankendem Kohlensäuregehalt zu unrichtigen Ergebnissen führen; man verwendet dann besser die hieraus abgeleitete Formel[1]

$$V_s = \frac{0,32}{0,536} \cdot \frac{C \Sigma \frac{T - t}{k}}{n} + 0,48 \frac{9H + W}{100} (T - t);$$

wobei der Quotient $\frac{T - t}{k}$ für jede einzelne Beobachtung zu berechnen, und dann, wie das Zeichen Σ andeutet, die Summe dieser Einzelwerte einzusetzen ist; n bedeutet die Anzahl der Beobachtungen.

Siegertsche Formel: Für überschlägige Rechnungen kann man auch die Formel

$$V_s' = \frac{T - t}{k} \cdot 0,65$$

verwenden, wodurch man jedoch den Schornsteinverlust nicht in WE, sondern gleich in Prozenten des Kohlenheizwertes erhält, ohne letzteren zu kennen. Diese Formel liefert für Kohlen unter 10% Wassergehalt brauchbare Werte, für Kohlen mit höherem Wassergehalt ist sie nicht zu empfehlen.

Die Bestimmung des Kohlensäuregehaltes der Heizgase wird mittels des

Orsatschen Apparates,

der in Abb. 38 schematisch dargestellt ist, in folgender Weise durchgeführt. Man saugt unter Wasserabschluß 100 Raumteile Rauchgas in eine in 100stel geteilte Bürette, leitet die angesaugte Gasmenge in ein mit Kalilauge (Ätzkali in Wasser: $K_2O + H_2O$

---

[1] Zeitschrift des Bayer. Revisions-Vereines, 1902, S. 25.

$= 2\,KOH$) gefülltes Absorptionsgefäß; die Kalilauge absorbiert die Kohlensäure nach der Gleichung:

$$2\,KOH + CO_2 = K_2CO_3 + H_2O;$$

hierauf leitet man das Gas in die Bürette zurück. Die Volumabnahme in 100stel ist gleich dem Kohlensäuregehalt des Rauchgases in Prozenten. Leitet man nach dieser Absorption das Gas mehrmals in ein zweites, mit einer Mischung von Kalilauge

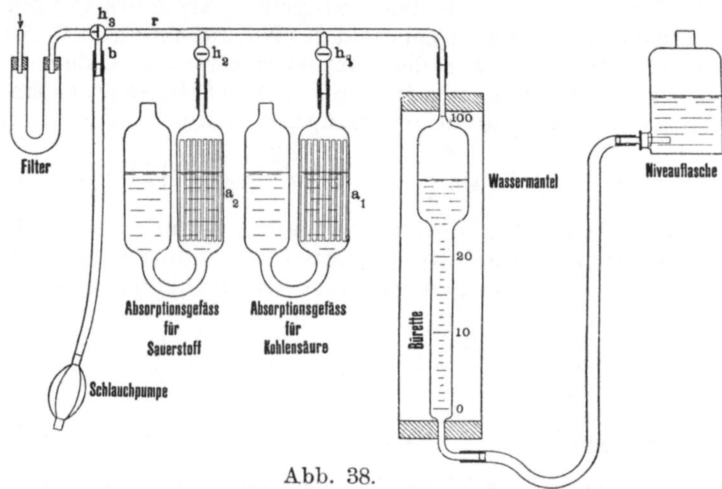

Abb. 38.

und Pyrogallussäure $(C_6H_3(OH)_3)$ gefülltes Gefäß, so wird durch diese Lösung der Sauerstoff absorbiert, und die nach Zurückleitung des Gases in die Bürette festgestellte weitere Volumabnahme ist der Sauerstoffgehalt des Rauchgases. Die Bürette ist zum Schutz gegen Temperaturschwankungen mit einem Wassermantel umgeben, der jedoch nicht unbedingt erforderlich ist.

Handhabung des Orsatapparates.

I. Füllen der Absorptionsgefäße. Die Gefäße a_1 und a_2 werden bei geöffneten Hähnen h_1 und h_2 mittels eines Glastrichters mit den Absorptionsflüssigkeiten bis etwa $^2/_3$ ihrer Höhe gefüllt, hierauf wird die Niveauflasche mit Wasser gefüllt und mittels eines etwa 70 cm langen Gummischlauches mit dem unteren Ende der Bürette verbunden. Dann schließt man die Hähne h_1 und h_2, füllt die Bürette durch Hochheben der Niveauflasche bis zur oberen Marke mit Wasser und stellt hierauf den Dreiwegehahn h_3 so, daß die Kapillarröhre r abgeschlossen ist. Durch Öffnen des Hahnes h_1 und langsames Senken der Niveauflasche zieht man die Kalilauge im Gefäß a_1 nach oben bis zum Hahn h_1, welcher dann geschlossen wird. Durch Wiederholung dieses Verfahrens zieht man den Inhalt des Gefäßes a_2 ebenfalls nach oben bis zum Hahn.

II. Absaugen des Gases. In den letzten Feuerzug vor dem Rauchschieber steckt man ein oben zugespitztes $^3/_8''$ Gasrohr so ein, daß das untere Ende etwa in die Mitte des Gasstromes kommt. Das obere Ende verbindet man durch einen Gummischlauch mit dem Filter des Apparates. Um auch diesen Schlauch vor Verrußung zu schützen, kann man ein nach Abb. 39 aus Messingblech hergestelltes und mit Watte gefülltes Filter einschalten. Zweckmäßig wird das Absaugerohr für die Gasproben, das Rohr für den Zugmesser und das Thermometer mit Draht zusammengebunden, in das bei der Meßstelle vorhandene oder sauber zu schlagende Loch geschoben und sorgfältig durch Verstopfen des Loches mit Lehm oder Schamottemörtel gegen eindringende Luft geschützt. Will man an derselben Stelle häufiger messen, dann empfiehlt sich die feste Einmaue-

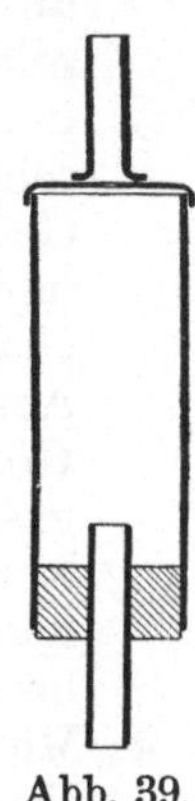

Abb. 39.

rung eines $2''$ Gasrohres, dessen inneres Ende mit dem Mauerwerk abschneidet und das bei Nichtgebrauch mit einem Holzstopfen verschlossen wird. Werden die Rohre durch Isolierschichten hindurchgesteckt, so sind sie hauptsächlich gegen das innere Mauerwerk abzudichten, weil sonst durch etwaige Risse im äußeren Mauerwerk und durch die Isolierschicht Luft eingesaugt wird. Liegt das ganze Bündel nicht wagerecht, dann ist es durch Festbinden mit Draht oder mittels einer Schraubklemme gegen Hineinrutschen zu sichern. Läßt sich die Mitte des Gasstromes nicht durch Messung feststellen, dann bestimmt man sie zweckmäßig mittels einer Holzlatte durch Ansengen, wobei jedoch auf etwa wechselnde Schieberstellung zu achten ist. Der Verbindungsschlauch ist vor der Ausführung jeder Gasanalyse mit frischem Gas zu füllen, was auf folgende Arten geschehen kann:

1. Man stellt nach dem Füllen der Bürette mit Wasser den Hahn h_3 so, daß er das Filter mit dem Rohr r verbindet und den Stutzen b abschließt, und saugt das Gas durch Senken der Niveauflasche in die Bürette. Hierauf verbindet man durch Drehen des Hahnes h_3 die Röhre mit dem frei ausmündenden Stutzen b und treibt das Gas durch Heben der Niveauflasche wieder aus. Durch mehrmalige Wiederholung dieses Verfahrens läßt sich eine genügende Gasmenge ansaugen.

2. Mit einer etwa 8 cm weiten Gasometerglocke mit Wasserabschluß.

3. Mit einem aus zwei in verschiedener Höhe aufgestellten Glasflaschen bestehenden Aspirator. Das obere Gefäß ist ganz mit Wasser gefüllt, sein Verschlußstöpsel enthält zwei Glasrohre, von denen das eine mit der Unterseite des Stöpsels abschneidet, das zweite fast bis zum Boden des Gefäßes reicht. Das erste Rohr wird mit der Gasabsaugestelle verbunden, durch das zweite Rohr läßt man durch einen Gummischlauch mittels Heberwirkung das Wasser in das untere Gefäß laufen. Dieses ist in genau gleicher Weise mit Stöpsel und Glasrohren versehen. Das Wasser läuft durch das lange Glasrohr ein, die Luft entweicht durch das kurze. Nach Absaugen einer genügenden Gasmenge vertauscht man die Höhenlage der beiden Gefäße, stellt die Verbindung der gasgefüllten Flasche mit dem Orsat her, drückt erst einen Teil des Gases durch das Filter und den Dreiwegehahn h_3 nach dem Stutzen b hinaus, stellt den Dreiwegehahn um und leitet dann das Gas in die Meßbürette.

4. Mittels der dem Orsat meistens beigegebenen Gummipumpe. Dieses Verfahren ist jedoch nur dann zu empfehlen, wenn die Ventile ganz dicht sind. Zur Prüfung der Dichtheit dieser Ventile stülpt man über den Druckstutzen (unten) einen Gummischlauch, den man unter Wasser ausmünden läßt; dann müssen beim Zusammendrücken Gasblasen entweichen.

Will man Sammelproben entnehmen, dann kann man entweder

a) nach Verfahren 3 arbeiten und das Absaugen mittels einer Schraubklemme verlangsamen oder

b) einen Aspirator mit Uhrwerk (z. B. Dittmar und Vierth, Hamburg) verwenden.

Zur Beurteilung des Ganges einer Feuerung sind zahlreiche Einzelproben vorzuziehen.

III. Entnahme der Gasprobe. Hat man genügend Gas durch den Verbindungsschlauch des Apparates mit dem Kessel hindurchgesaugt, dann füllt man die Bürette nach dem unter II. 1. oder 3. angegebenen Verfahren bis etwas unter die unterste Marke mit frischem Gas, schließt den Hahn h_3 und untersucht durch Gleichstellen des Wasserspiegels der Niveauflasche und der Bürette, ob letzterer genau auf die unterste Marke einspielt. Steht der Wasserspiegel in der Bürette tiefer, dann drückt man den Überschuß nach Drehen des Hahnes h_3 durch den Stutzen b

hinaus; steht er höher, dann muß nach entsprechender Hahn-
stellung bei h_3 noch etwas Gas hereingesaugt werden; nun
schließt man mit dem Hahn h_3 die Röhre r ab.

IV. Ausführung der Gasanalyse. Man öffnet den Hahn
h_1 und treibt die Gasprobe durch langsames Heben der Niveauflasche in das mit Kalilauge gefüllte Gefäß, das zur Vergrößerung
der absorbierenden Oberfläche mit Glasröhrchen gefüllt ist, bis
der Wasserspiegel in der Bürette an der obersten Marke angelangt
ist; hierauf wird die Niveauflasche gesenkt, dadurch das Gas
wieder in die Bürette zurückgeleitet und die Absorptionsflüssigkeit wieder bis zum Hahn emporgezogen, welcher dann geschlossen
wird. Dieses Verfahren ist der Sicherheit wegen zu wiederholen.
Dann stellt man in der Bürette atmosphärischen Druck her, indem man die Niveauflasche so weit hebt, daß die Wasserspiegel
in der Flasche und in der Bürette in dieselbe Ebene kommen,
und liest den Wasserstand in der Bürette ab, der unmittelbar den
Kohlensäuregehalt der Gasprobe in Volumprozenten angibt.

In der gleichen Weise erfolgt die Bestimmung des Sauer-
stoffgehaltes, nur muß man wegen der trägeren Wirkung der
Pyrogallussäure die Absorption 5—10 mal wiederholen. Manche
Apparate enthalten ein drittes Absorptionsgefäß zur Bestimmung
des Kohlenoxydgehaltes mittels ammoniakalischer Kupfer-
chlorürlösung, der sich jedoch infolge seines meistens geringen
Betrages mit dem Orsatapparat nicht genügend zuverlässig ermitteln läßt.

V. Dichtheitsprüfung des Apparates und der
Schlauchleitung. Man klemmt den Schlauch unmittelbar
hinter dem Entnahmerohr zu, stellt den Dreiwegehahn h_3 so, daß
er das Filter mit dem Rohr r verbindet und den Stutzen b abschließt und hebt die Niveauflasche. Der Wasserspiegel in der
Bürette wird etwas steigen und muß, wenn man die Flasche in
einer bestimmten Höhe festhält, stehen bleiben. Steigt der
Wasserspiegel langsam weiter, so ist eine Undichtigkeit vorhanden, die vor der Ausführung der Analysen zu beseitigen ist.

VI. Herstellung der Lösungen. Man löst etwa 60 g
(6 Stängchen) Ätzkali in der für die Füllung eines Gefäßes erforderlichen Wassermenge auf. Diese Lösung ist haltbar und kann
während mehrerer Versuchstage verwendet werden. Absorbiert
sie nicht mehr genügend, d. h. beobachtet man, daß sie nach
2 maligem Einleiten derselben Gasprobe bei einer dritten Über-
leitung noch weiter CO_2 aufnimmt, so wird sie verstärkt. Wird
sie sehr trübe, dann ist sie zu erneuern. In eine gleiche Lösung
bringt man so viel pulverförmige Pyrogallussäure, daß sie sich

ganz dunkelrot färbt. Ob die Lösung, die man vor der Ausführung von Analysen erst erkalten lassen muß, genügend konzentriert ist, erkennt man daran, daß der Apparat bei der Untersuchung von atmosphärischer Luft nach $10-15$ maliger Absorption etwa 21% Sauerstoff angeben muß. Diese Lösung verdirbt durch Aufnahme von Sauerstoff aus der Luft und ist bei längerem Versuchen spätestens jeden zweiten Tag zu erneuern. Etwas Schutz gegen Verderben der Lösung gewährt das Aufstecken einer Gummiblase auf das hintere Aufnahmegefäß; diese kann jedoch, wenn sie beim Hochziehen der Absorptionsflüssigkeit zu leer gesaugt wird, bei der Analyse hinderlich sein.

Statt der Pyrogallollösung kann man zur Absorption des Sauerstoffes auch gelben Phosphor in Stängchenform benutzen; der Phosphor muß bis nahe an den oberen Stutzen des Absorptionsgefäßes reichen; als Sperrflüssigkeit dient Wasser. Zur Absorption setzt man das Gas etwa 3 Minuten der Einwirkung des Phosphors aus, wobei sich weiße Dämpfe von Phosphorpentoxyd nach der Gleichung $2P_2 + 5O_2 = 2P_2O_5$ bilden. Phosphor ist stark giftig, gerät an der Luft leicht in Brand, darf nur mit der Pinzette angefaßt, nur unter Wasser zerschnitten und der Luft nur so lange ausgesetzt werden, als zum Überführen in das mit Wasser gefüllte Absorptionsgefäß notwendig ist. Er absorbiert am besten bei etwa 20° und versagt schon bei $+ 7^\circ$ vollständig. Die Anwesenheit von Kohlenwasserstoffen (ausgenommen CH_4) und Ammoniak hebt seine Wirkung fast ganz auf.

Genauere Vorschriften zum Ansetzen der Lösungen:

a) Für CO_2: 200 Gewichtsteile destillierten Wassers,
            100   „   Ätzkali.

b) Für O_2:   200 ccm Kalilauge (wie unter a),
           35 g pulverförmiges Pyrogallol.

c) Für CO: 2 Lösungen hintereinander zu benutzen:

     1. Kupferchlorür Cu_2Cl_2 in Salzsäure (HCl) gelöst (saure Lösung).

     2. 100 g Kupferchlorür Cu_2Cl_2
       750 ccm destillierten Wassers
       250 g Salmiak NH_4Cl } ammoniakalische Lösung.
        Vor Gebrauch gemischt mit gesättigter Ammoniaklösung (Salmiakgeist, NH_3 in Wasser) im Verhältnis $3 : 1$

Absorptionsgefäß mit Kupferspiralen füllen.

Erst die saure, dann die ammoniakalische Lösung benutzen.

VII. **Pflege des Apparates.** Die empfindlichsten Teile sind die eingeschliffenen Glashähne, welche bei unvorsichtiger Behandlung, besonders in staubigen Kesselräumen, sich leicht so festsetzen können, daß sie durch kein Mittel wieder gangbar werden. Deshalb sind sie am Schluß jedes Versuchstages ebenso wie die Hahngehäuse mit reiner Putzwolle zu reinigen und mit einem Schmiermittel **leicht** einzufetten, das man durch Zusammenschmelzen von gleichen Teilen Talg und Vaseline bereitet. Die Ablesungen erfolgen zweckmäßig am unteren Meniskus des Wasserspiegels. Wird dieser durch Ansätze in der Bürette unklar, dann spült man sie mit Chromsäure (Lösung von doppeltchromsaurem Kali in verdünnter Schwefelsäure) aus.

Wenn durch Unvorsichtigkeit auch nur Spuren von Kalilauge in das Sperrwasser der Bürette gelangt sind, dann wird wegen Aufnahme von CO_2 durch das Sperrwasser die Analyse falsch, und der Apparat muß durch öfteres Durchspülen mit Wasser und Erneuerung des Sperrwassers gereinigt werden. Das Übertreten der Absorptionsflüssigkeiten in das Sperrwasser wird bei manchen Bauarten durch selbsttätige Glasverschlüsse verhindert; letztere bleiben jedoch manchmal hängen oder geben Veranlassung zum Ansetzen von Gasblasen. Färbt man das Sperrwasser mit etwas Methyl-Orange, dann hebt sich der Meniskus besser von der Skala ab, und das Sperrwasser verfärbt sich beim Eintritt von Kalilauge.

Beurteilung der Analysen.

Der Kohlensäuregehalt soll bei guter Kohle unter normalen Verbrennungsbedingungen etwa $10 \div 14\%$ betragen. Enthalten die Heizgase erheblich weniger als 10% CO_2, dann arbeitet die Feuerung mit zu großem Luftüberschuß, der durch Beschränkung des Zuges oder auch Verkleinerung des Rostes zu vermindern ist. Beträgt der CO_2-Gehalt mehr als 14%, so liegt die Möglichkeit vor, daß die zugeführte Luftmenge zu gering ist, also die Abgase Unverbranntes enthalten und Rauchbildung eintritt. Im allgemeinen muß eine gasreiche Kohle mit größerem Luftüberschuß verheizt werden als eine gasarme. Die Summe $CO_2 + O_2$ soll bei festen und flüssigen Brennstoffen etwa 19 bis 20% betragen.

Zur genauen Beurteilung von Abgasanalysen eignen sich besonders die **Abgasschaubilder**[1]): Sind von den vier Größen:

---

[1]) Siehe Wa. Ostwald, Feuerungstechnik 1919, S. 53, sowie des Verfassers Aufsatz in der Zeitschr. d. Ver. d. Ing. 1920, S. 505.

a) Kohlensäuregehalt (CO_2)

b) Sauerstoffgehalt (O_2)

c) Kohlenoxydgehalt (CO)

d) Luftfaktor = Verhältnis der theoretischen Luftmenge zur wirklichen Luftmenge (η)

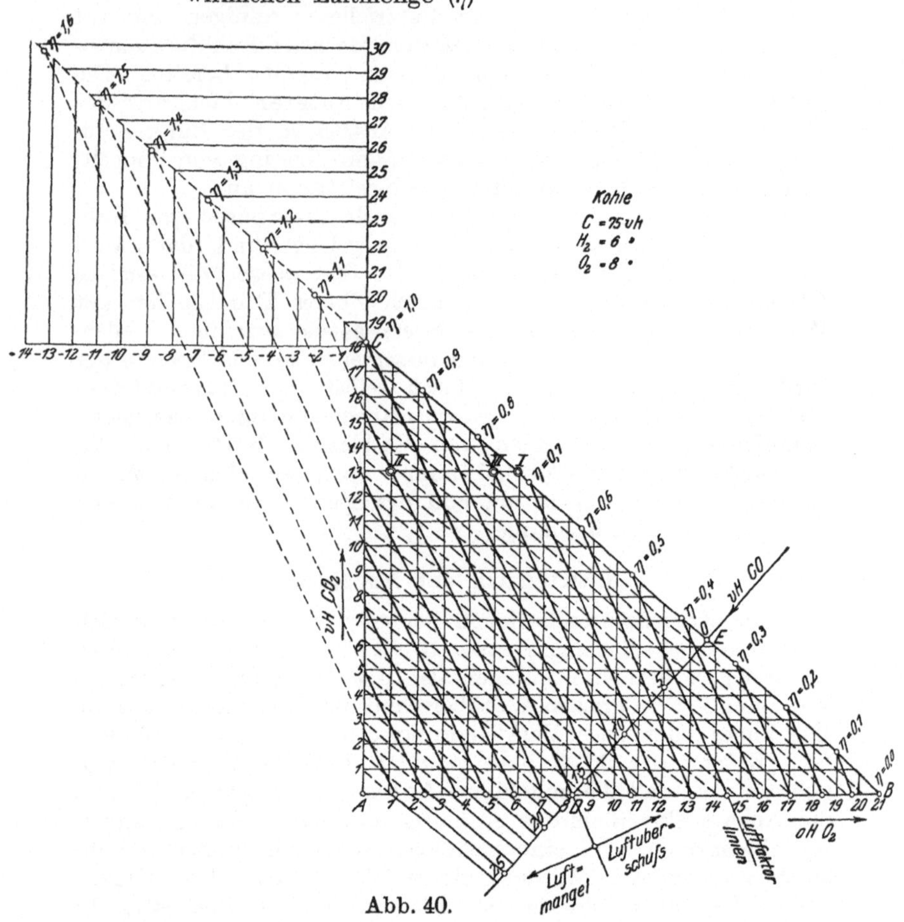

Abb. 40.

nur zwei, z. B. CO_2 und O_2 durch Analyse festgestellt und ist die chemische Zusammensetzung des Brennstoffes bekannt, dann sind die beiden anderen Größen eindeutig bestimmt. Trägt man nach Abb. 40 in einem rechtwinkligen Koordinatensystem O_2 als Abszisse und CO_2 als Ordinate auf, so läßt sich ein schiefes

Koordinatensystem mit CO und η darüber legen, woraus die letztgenannten Größen für jeden durch CO_2 und O_2 festgelegten Punkt abgelesen werden können. Der Eckpunkt B ist durch den größten, überhaupt möglichen O_2-Gehalt 21% bei ∞ großem Luftüberschuß, also $\eta = \dfrac{1}{\infty} = 0,0$, der Eckpunkt C durch den bei theoretischer Luftmenge ($\eta = 1,0$) und vollkommener Verbrennung entstehenden CO_2-Gehalt k_{max}% festgelegt. Die Hypotenuse BC entspricht demnach der vollkommenen Verbrennung, bei der aller C zu CO_2 und der H_2 zu H_2O verbrennt; die Abszissenachse AB entspricht der unvollkommenen Verbrennung, bei der aller C nur zu CO (also $CO_2 = 0$) und der H_2 vollständig zu H_2O verbrennt.

Zur Berechnung des Schaubildes dienen folgende Formeln[1]):

1) **Für feste und flüssige Brennstoffe:**

1 kg Brennstoff enthalte:

c_1 kg C
h_1' „ H_2
q_1 „ O_2; also

$$h_1 = h_1' - \frac{q_1}{8} \text{ verfügbaren } H_2.$$

Für vollkommene Verbrennung ist:

Theoretische O_2-Menge für 1 kg
Brennstoff . . . . $O_{min} = 1{,}866\,c_1 + 5{,}55\,h_1$ cbm
bei 0° und 760 mm.

Wirkliche O_2-Menge für 1 kg
Brennstoff . . . . $O_w = \dfrac{1}{\eta}\,O_{min}$ cbm.

Wirkliche Luftmenge für 1 kg
Brennstoff . . . . L $= \dfrac{1}{0{,}21\,\eta}\,O_{min}$ cbm.

Trockene Abgasmenge von 1 kg Brennstoff

$$G = 1{,}866\,c_1 + O_{min}\left(\frac{4{,}76}{\eta} - 1\right) \text{cbm.}$$

CO_2-Gehalt der Abgase $= k = \dfrac{186{,}6\,c_1}{1{,}866\,c_1 + O_{min}\left(\dfrac{4{,}76}{\eta} - 1\right)}$ %.

---

[1]) Der Gehalt des Brennstoffes an S und N_2, sowie das Verbrennliche in den Rückständen seien vernachlässigt.

$$\text{O}_2\text{-Gehalt der Abgase} = q = \frac{100 \cdot \text{O}_{min}\left(\frac{1}{\eta} - 1\right)}{1,866\,c_1 + \text{O}_{min}\left(\frac{4,76}{\eta} - 1\right)}\ \%.$$

Die Werte für k und q für $\eta = 1{,}0,\ 0{,}9,\ 0{,}8 \ldots 0{,}0$ berechnet, liefern die Punkte der Geraden CB; für $\eta = 1{,}0$ erhält man

$$k_{max} = \frac{186{,}6\,c_1}{1{,}866\,c_1 + 3{,}76\,\text{O}_{min}}\,.$$

Durch Einsetzung von $\eta = 1{,}1,\ 1{,}2 \ldots$ ergeben sich Werte von $k > k_{max}$ und $q < 0$, die keine sachliche, sondern nur mathematische Bedeutung haben und nur zum Ziehen der Luftfaktorlinien dienen.

Für unvollkommene Verbrennung ist:

Theoretische O_2-Menge für 1 kg Brennstoff

$$\Omega_{min} = 0{,}933\,c_1 + 5{,}55\,h_1 \text{ cbm bei } 0^\circ \text{ und } 760 \text{ mm.}$$

Wirkliche O_2- und Luftmenge wie bei der vollkommenen Verbrennung.

Trockene Abgasmenge von 1 kg Brennstoff

$$\text{G}' = 1{,}866\,c_1 + \frac{4{,}76}{\eta}\,\text{O}_{min} - \Omega_{min} \text{ cbm.}$$

$$\text{O}_2\text{-Gehalt der Abgase} = q = \frac{\left(\frac{1}{\eta}\,\text{O}_{min} - \Omega_{min}\right) 100}{1{,}866\,c_1 + \frac{4{,}76}{\eta}\,\text{O}_{min} - \Omega_{min}}\ \%.$$

$$\text{CO-Gehalt der Abgase} = p = \frac{186{,}6\,c_1}{1{,}866\,c_1 + \frac{4{,}76}{\eta}\,\text{O}_{min} - \Omega_{min}}\ \%.$$

Die Berechnung von q, für die früheren Werte von η durchgeführt, liefert die Punkte der Abszissenachse AB. Die zu gleichen Werten von η gehörigen Punkte von AB und BC liefern verbunden die Linien gleichen Luftfaktors. Die CO-Teilung erfolgt zweckmäßig auf dem Lote DE, das vor dem auf der Abszissenachse liegenden O_2-Punkt D (für $\eta = 1{,}0$) nach BC gefällt wird. Die Länge DE muß dem für $\eta = 1{,}0$ berechneten CO-Gehalt entsprechen. Die Luftfaktorlinie für $\eta = 1{,}0$ trennt das

Dreieck in das Gebiet des Luftüberschusses (rechts) und das des Luftmangels (links).

Anwendung des Schaubildes: Einige Abgasanalysen mögen ergeben haben:

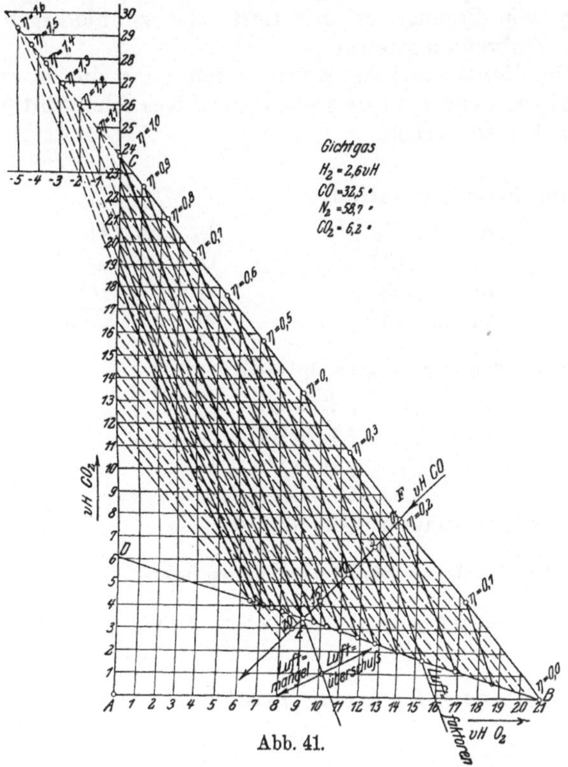

Abb. 41.

Punkt I: $CO_2 = 13,0\,\%$, $O_2 = 6,0\,\%$. Das Schaubild zeigt $CO = 0$, Verbrennung vollkommen, $\eta = 0,724$, Vielfaches der theoretischen Luftmenge $\dfrac{1}{\eta} = 1,39$.

Punkt II: $CO_2 = 13,0\,\%$, $O_2 = 1,0\,\%$. Das Schaubild zeigt $CO = 6,5\,\%$, $\eta = 1,1$, $\dfrac{1}{\eta} = 0,9$; also Verbrennung unvollkommen wegen Luftmangel.

Punkt III: $CO_2 = 13{,}0\%$, $O_2 = 5{,}0\%$. Das Schaubild zeigt $CO = 1{,}2\%$, $\eta = 0{,}6$, $\dfrac{1}{\eta} = 1{,}25$, Verbrennung unvollkommen, jedoch nicht wegen Luftmangel, sondern wegen ungenügender Mischung von Brenngasen mit Luft oder zu niedriger Temperatur im Verbrennungsraum.

2) Der Vollständigkeit wegen seien auch die Formeln für gasförmige Brennstoffe und ein zugehöriges Schaubild für Gichtgas (Abb. 41) angegeben.

1 cbm Frischgas enthalte:

h_1 cbm	H_2	k_1 cbm	CO_2
p_1 „	CO	q_1 „	O_2
n_1 „	N_2	r_1 „	C_2H_4
v_1 „	CH_4	s_1 „	C_2H_2.

1 cbm trockenes Abgas enthalte:

$$k\% \; CO_2$$
$$p\% \; CO$$
$$q\% \; O_2.$$

Für vollkommene Verbrennung ist:

Theoretische O_2-Menge für 1 cbm Frischgas

$$O_{min} = 0{,}5\,h_1 + 0{,}5\,p_1 + 2\,v_1 + 3\,r_1 + 2{,}5\,s_1 - q_1 \text{ cbm}$$
$$\text{bei } 0^\circ \text{ und } 760 \text{ mm.}$$

Wirkliche O_2-Menge für 1 cbm Frischgas

$$O_w = \frac{1}{\eta} O_{min} \text{ cbm.}$$

Wirkliche Luftmenge für 1 cbm Frischgas

$$L = \frac{1}{0{,}21\,\eta} O_{min}.$$

Trockene Abgasmenge von 1 cbm Frischgas

$$G = p_1 + v_1 + k_1 + 2\,r_1 + 2\,s_1 + n_1 + O_{min}\left(\frac{4{,}76}{\eta} - 1\right)$$

$$= A + n_1 + O_{min}\left(\frac{4{,}76}{\eta} - 1\right) \text{ cbm.}$$

$$CO_2\text{-Gehalt der Abgase} = k = \frac{100\,A}{A + n_1 + O_{min}\left(\dfrac{4,76}{\eta} - 1\right)}\ \%.$$

$$O_2\text{-Gehalt der Abgase} = q = \frac{100 \cdot O_{min}\left(\dfrac{1}{\eta} - 1\right)}{A + n_1 + O_{min}\left(\dfrac{4,76}{\eta} - 1\right)}\ \%.$$

Für **unvollkommene** Verbrennung ist:

Theoretische O_2-Menge für 1 cbm Frischgas

$$\Omega_{min} = 0,5\,h_1 + 1,5\,v_1 + 2\,r_1 + 1,5\,s_1 - q_1 \text{ cbm bei } 0^\circ \text{ und } 760\,\text{mm.}$$

Wirkliche O_2- und Luftmenge wie oben.

Trockene Abgasmenge von 1 cbm Frischgas

$$G' = k_1 + p_1 + v_1 + 2\,r_1 + 2\,s_1 + n_1 + \frac{4,76}{\eta}\,O_{min} - \Omega_{min}$$

$$= k_1 + B + n_1 + \frac{4,76}{\eta}\,O_{min} - \Omega_{min}\ \text{cbm.}$$

$$CO_2\text{-Gehalt der Abgase}[1] = k = \frac{100\,k_1}{k_1 + B + n_1 + \dfrac{4,76}{\eta}\,O_{min} - \Omega_{min}}\ \%.$$

$$O_2\text{-Gehalt der Abgase} = q = \frac{100\left(\dfrac{1}{\eta}\,O_{min} - \Omega_{min}\right)}{k_1 + B + n_1 + \dfrac{4,76}{\eta}\,O_{min} - \Omega_{min}}\ \%.$$

$$CO\text{-Gehalt der Abgase} = p = \frac{100\,B}{k_1 + B + n_1 + \dfrac{4,76}{\eta}\,O_{min} - \Omega_{min}}\ \%.$$

Gasproben, die **gleichzeitig** an verschiedenen hintereinander liegenden Meßstellen derselben Feuerung abgesaugt werden, sollten die gleichen Analysenwerte ergeben; meistens nimmt jedoch der CO_2-Gehalt nach dem Schornstein hin ab, während der O_2-Gehalt zunimmt infolge der durch Undichtheit des Mauerwerkes und etwaiger Verschlüsse nachgesaugten Luft.

---

[1] herrührend vom CO_2-Gehalt des Frischgases.

Um die Güte der Verbrennung zu beurteilen, ist die Analyse der Gase unmittelbar hinter dem Feuerraum vorzunehmen, als Absaugerohr jedoch nur Schamotte-, Porzellan-, Quarz- oder Tonrohr zu verwenden, weil ein glühendes Eisenrohr die Gaszusammensetzung ändert. Zur Berechnung des Schornsteinverlustes dagegen ist die vor dem Schieber genommene Gasprobe maßgebend.

Beispiel zur Berechnung des Schornsteinverlustes. Bei unserem Versuch wurde folgendes ermittelt: Kohlensäuregehalt der Heizgase $11,5\%$, Abgangstemperatur derselben 211° C, Lufttemperatur 15° C; die Kohle enthielt 80.22% Kohlenstoff, $4,92\%$ Wasserstoff und $2,34\%$ Wasser, demnach beträgt der Schornsteinverlust:

$$V_s = \left(0,32 \cdot \frac{80,22}{0,536 \cdot 11,5} + 0,48\,\frac{9 \cdot 4,92 + 2,34}{100}\right)(211 - 15) = \mathbf{860\ WE}$$

oder auf den Heizwert 7726 bezogen

$$V_s' = \frac{860}{7726} = 0,111 = \mathbf{11,1}\ \%.$$

Nach der Siegertschen Formel erhält man

$$V_s' = \frac{211-15}{11,5} \cdot 0,65 = \mathbf{11,1}\,\% \text{ (wie oben).}$$

Selbsttätige Apparate zur Bestimmung und Aufzeichnung des CO_2-Gehaltes. Diese Apparate eignen sich weniger als Hilfsmittel bei der Ausführung von Verdampfungsversuchen, sondern mehr als Instrumente zur Betriebskontrolle und finden, da die meisten größeren Werke seit einigen Jahren zur wärmetechnischen Überwachung des Betriebes besondere Wärmeabteilungen eingerichtet haben, in der Praxis eine ausgedehnte Anwendung. Sie arbeiten wie der Orsatapparat durch Absorption von CO_2 z. B. in Kalilauge. Das Absorptionsgefäß ist mit einem Schreibzeug verbunden, welches das Ergebnis jeder Absorption auf einem mit wagerechten Teillinien versehenen Diagrammblatt in Form eines senkrechten Striches aufzeichnet; das Diagrammblatt wird auf den Mantel einer durch Uhrwerk bewegten Trommel gezogen. Das Absaugen des Gases, die Überführung zum Absorptionsgefäß usw. werden meistens mit Wasser bewirkt. Einige bei sorgfältiger Bedienung recht zuverlässige Apparate sind:

    a) der „Ados"-Apparat[1]) der Ados-Gesellschaft m. b. H. in Aachen (wird auch zur gleichzeitigen Absorption von O_2 eingerichtet),

---

[1]) Prüfungsergebnisse: Zeitschrift des Bayer. Revisions-Vereines, 1901, S. 82.

b) der Ökonograph[1]) der Feuertechnischen Gesellschaft m. b. H. in Berlin,

c) der Rauchgasprüfer von J. C. Eckardt in Cannstatt,

d) „ Rauchgasprüfer von J. Pintsch in Frankfurt a. M.,

e) „ „Mono“-Apparat von H. Maihak in Hamburg,

f) „ „Debro“-Apparat von De Bruyn in Düsseldorf,

g) „ „Gefko“-Apparat der Gesellschaft für Kohlenersparnis in Köln.

Außer diesen werden neuerdings andere Apparate viel verwendet, die nicht auf der Absorption der CO_2 durch Kalilauge beruhen; davon sind die bekanntesten:

h) der Apparat von Siemens und Halske,

i) „ „Ranarex“ der A.E.G.

Bezüglich Beschreibung und Handhabung dieser Apparate sei hier auf die Drucksachen der genannten Firmen verwiesen.

Wenn eine Kesselanlage mit selbsttätigen CO_2-Apparaten ausgerüstet werden soll, sind eine Reihe von Vorsichtsmaßregeln zu beobachten, die einen ungestörten und zuverlässigen Betrieb gewährleisten. Die eingemauerten Absaugerohre sind zum Durchstoßen einzurichten, indem sie am Kopf ein T-Stück erhalten, von dem der eine Schenkel mit einem dichtschließenden Gewindestopfen versehen ist, während der abzweigende Schenkel mit der Gasleitung verbunden wird. Alle Rohre sollen nahtlos sein, alle Verbindungsstellen sind sorgfältig abzudichten. Die Anordnung ist so zu treffen, daß die Gassaugeleitungen von der Entnahmestelle bis zum Filter steigen, und von da ab bis zum Apparat fallen. Wenn das infolge örtlicher Verhältnisse nicht möglich ist, erhalten die tiefsten Stellen Syphons (einseitig offene U-Röhrchen), die mit Glyzerin gefüllt werden, damit sich keine Wassersäcke bilden. Die Wartung der Apparate ist einem zuverlässigen „Wärmeingenieur“ zu unterstellen, der die Apparate genau kennt, selbst die geringsten Störungen sofort beseitigt und die Apparate von Zeit zu Zeit mit dem Orsat nachprüft. Die Gasleitungen sollen täglich auf Dichtheit geprüft werden. Bei der Anlage sind Anschlüsse an Dampf- oder Preßluftleitungen vorzusehen, damit die Rohre öfter durchgeblasen werden können. Die Filter sind frostsicher anzulegen.

---

[1]) Prüfungsergebnisse: Mitteilungen der Dampf- und wärmetechnischen Versuchsanstalt in Wien 1910. Nr. 1.

c) Der Verlust durch Strahlung, Leitung, Ruß und unverbrannte Gase

heißt **Restverlust** und wird als Differenz:

Heizwert — (nutzbare Wärme + Herdverlust + Schornsteinverlust)

berechnet. Er soll bei guter Einmauerung, normaler Beanspruchung und guter Verbrennung höchstens $10-12\%$ des Kohlenheizwertes betragen.

In unserem Beispiel betrug

die nutzbare Wärme . . . . $75{,}4\%$
der Herdverlust . . . . $2{,}6\%$
der Schornsteinverlust . . . . $11{,}1\%$, folglich der
Restverlust . . . . $10{,}9\%$
$\overline{}$
$100{,}0\%.$

Die Zusammenstellung der nutzbar gemachten Wärme und der Wärmeverluste nennt man **Wärmebilanz**.

Hat man bei **unvollkommener** Verbrennung den CO-Gehalt der Abgase genau zu $p\%$, sowie den CO_2-Gehalt zu $k\%$ festgestellt, dann kann man den **Verlust durch unverbrannte Gase** für sich angenähert berechnen nach der Formel:

$$V_u = p\,\frac{1{,}866 \cdot C}{100\,k} \cdot 3000 \text{ WE.}$$

Hier bedeutet C den Kohlenstoffgehalt des festen oder flüssigen Brennstoffes und 3000 den Heizwert von 1 cbm CO.

In roher Annäherung bedeutet 1% CO einen Verlust von 4% des Kohlenheizwertes.

Beispiel: CO-Gehalt $p = 0{,}5\%$,
CO_2- „ $k = 15\%$,
C- „ der Kohle $= 75\%$,
Heizwert „ „ $= 7726$ WE,

$$V_u = 0{,}5\,\frac{1{,}866 \cdot 75}{100 \cdot 15} \cdot 3000 = 140 \text{ WE} \quad \text{oder}$$

$$= \frac{140}{7726} \cdot 100 = 1{,}8\%.$$

Angenähert $V_u = 4 \cdot p = 4 \cdot 0{,}5 = 2\%.$

Mit Berücksichtigung des zu $p\%$ festgestellten CO-Gehaltes nimmt die **Buntesche** Formel (S. 69) folgende Gestalt an:

$$V_s = \left(0{,}32\,\frac{C}{0{,}536\,(k+p)} + 0{,}48\,\frac{q\,H + W}{100} \right) (T - t).$$

Sonstige Messungen. Die Temperatur der Abgase wird an derselben Stelle, an der die Gasproben entnommen werden, gemessen [1]).

Für einfachste Untersuchungen im Fuchs und bei normaler Abgastemperatur, z. B. bei Dampfkesseln, genügen:

a) **Quecksilberthermometer** mit Stickstofffüllung, so lang, daß die Ablesung möglich ist, ohne daß das Thermometer herausgezogen werden muß (1,5 bis 2 m). Schutzhülse aus Messing mit zweiseitiger Durchbrechung an der Skala (von hinten zu beleuchten), Verstärkungen der langen Stege, Bohrungen bei der Quecksilberkugel, oben mit Ring zum Aufhängen. Die Durchbrechungen der Schutzhülse müssen so lang sein, daß der Nullpunkt der Skala jederzeit sichtbar ist und nachgeprüft werden kann. Brauchbar bis 550°, leicht nachprüfbar, etwas träge, empfindlich gegen unvorsichtige Behandlung.

Sind höhere Temperaturen der Abgase zu erwarten (was bei manchen Feuerungen vorkommt, aber stets unnötig große Verluste bedeutet), so kommen in Betracht:

b) **Graphitpyrometer** mit Zeigerskala bis 1000°, sehr träge und häufig auch ungenau; genügt für angenäherte Messungen und zur Probe, ob ein Q-S-Thermometer verwendbar ist oder nicht; ist derb gebaut und verträgt etwas unvorsichtige Behandlung, ist aber nicht bruchsicher gegen Stöße;

c) **Stahlrohr-Quecksilberthermometer** mit Manometerfeder und Zeigerskala, liegt in seinen Eigenschaften zwischen a) und b).

Gut, aber teuer sind:

d) **Elektrische Widerstandsthermometer** bis 900°; ihre Wirkungsweise beruht darauf, daß der Widerstand einer in die Meßstelle eingebrachten, in Quarzglas einschmolzenen Platinspirale sich mit steigender Temperatur vergrößert. Den Strom liefert eine Batterie von Trockenelementen oder Akkumulatoren, seine Stärke wird an der in Thermometergrade eingeteilten Skala eines Galvanometers abgelesen. Vorteile: Messung an sonst schwer zugänglichen Stellen möglich, für mehrere Meßstellen genügt ein Galvanometer mit Umschalter. Empfindlichkeit etwa gleich der eines Quecksilberthermometers.

---

[1]) S. Mitteilung Nr. 6 der „Wärmestelle Düsseldorf".

Den Widerstandsthermometern stehen etwa gleich:

e) **Thermoelektrische Pyrometer**, bestehend aus zwei zusammengelöteten, von einander elektrisch isolierten Drähten aus verschiedenen Metallen, die einen mit der Temperatur an der Lötstelle an Spannung steigenden Thermostrom erzeugen, dessen Stärke mit einem Galvanometer gemessen wird. Die Isolierung und der Schutz der Lötstelle richtet sich nach der zu messenden Temperatur. Fast gleichzeitiges Messen an mehreren Stellen wie bei d) möglich.

1. **Kupferkonstantan-Element bis 350°.** Lötstelle braucht nicht geschützt zu werden. Isolierung durch Umwickeln mit Asbestschnur, das Ganze in Eisenrohr gesteckt. Die Skala eines beliebigen, aber genügend weit ausschlagenden Galvanometers wird durch Vergleich der Ausschläge mit den Angaben eines Quecksilberthermometers geeicht, dessen Kugel mit der Lötstelle zusammen in einem auf 350° erhitzten Ölbad steckt. Eichung nur bei fallender Temperatur vornehmen, Quecksilberfaden darf nur wenig herausragen. Das Pyrometer folgt den Temperaturschwankungen fast augenblicklich.

2. **Eisenkonstantan-Element bis 800°.** Eigenschaften ähnlich wie bei 1.

3. **Nickel-Nickelchrom-Element bis 1100°.** Isolierung durch Quarzrohr in Eisen- oder Schamotte-Rohr. Trägheit etwas größer als bei 1. und 2. Die freien Enden sind durch sog. Kompensationsleitungen aus demselben Material so weit zu verlängern, daß sie dem Bereich von höheren Temperaturen entzogen werden.

4. **Platin-Platinrhodium-Element bis 1600°.** Isolierung durch Rohre aus Quarz oder Marquardscher Masse in Schamotterohr. Trägheit wie bei 3.

Die Elemente unter 2. bis 4. gibt es nur in Verbindung mit dazu passendem, in Grade geteiltem Galvanometer.

f) **Optische Pyrometer** kommen nur bei Untersuchung glühender Körper in Betracht.

Bauarten: Wanner, Holborn und Kurlbaum, Strahlungspyrometer.

Zur Ermittlung der **Zugstärke** bringt man ein zweites Gasrohr an die Gas-Entnahmestelle und verbindet es durch einen Gummischlauch mit einem Zugmesser. Ein sehr einfacher

und zuverlässiger Zugmesser ist in Abb. 42 dargestellt. Er
besteht aus einem auf einem Holzbrettchen befestigten, U-förmig
gebogenen Glasröhrchen, hinter welchem eine Millimeterskala auf
das Brettchen aufgeklebt ist. Um das Einfallen von Staub zu
verhüten, kann man den offenen Schenkel des Glasröhrchens
nach unten umbiegen. Das Röhrchen wird halb
mit Wasser gefüllt, das man durch Auflösung
eines Körnchens Fuchsin besser sichtbar
machen kann; vor dem Anschluß an den
Gummischlauch hängt man das Brettchen so
auf, daß die beiden Wasserspiegel auf eine
Linie fallen. Die Ablesung wird erleichtert,
wenn die Einteilung der Skala von 0 mm an
mit Ziffern bezeichnet und das U-Röhrchen
verschiebbar angeordnet wird. Alle anderen
im Handel befindlichen Zugmesser sind wohl
bequemer abzulesen, doch empfiehlt es sich,
ihre Angaben von Zeit zu Zeit mit denen dieses
einfachen Wassermanometers zu vergleichen.

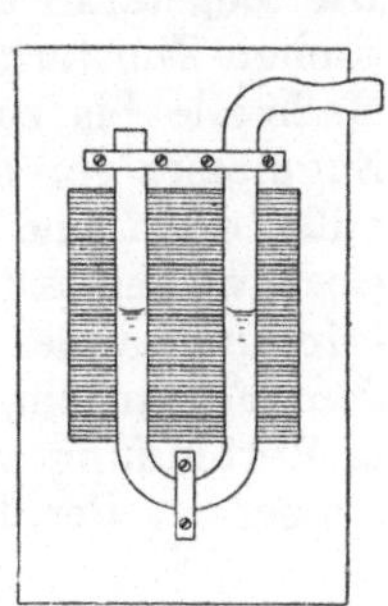

Abb. 42.

    Diese einfachen Zugmesser geben den Druckunterschied der
Heizgase an der zu messenden Stelle gegenüber der Atmosphäre
an, lassen aber keinen Schluß auf die Geschwindigkeit der Heizgase,
oder auf die Beanspruchung des Kessels ziehen. Dieser Satz läßt
sich durch folgende Versuche nachweisen.

1. Schließt man den Rauchschieber hinter dem Zugmesser,
   dann wird die Rauchgasgeschwindigkeit zu Null und die
   Flüssigkeit in beiden Schenkeln des Zugmessers stellt sich
   gleich hoch ein.

2. Öffnet man den Rauchschieber wieder und schließt man die
   Aschenklappe des Feuergeschränkes, dann wird die Rauchgasgeschwindigkeit ebenfalls zu Null, aber der Zugmesser
   zeigt die größte, sog. statische Zugstärke des Schornsteins an.

3. Stellt man Schieber und Aschenklappe normal und öffnet
   man den Schieber weiter, dann ziehen zweifellos mehr Heizgase durch die Züge, die Wassersäule des Zugmessers
   nimmt zu.

4. Öffnet man bei normaler Stellung von Schieber und Aschenklappe die Feuertür, dann werden ebenfalls mehr Gase
   durchziehen, die Wassersäule des Zugmessers wird aber
   kleiner werden.

Dieselben Veränderungen der Rauchgasgeschwindigkeit, auf verschiedene Art vorgenommen, äußern also

**verschiedene Wirkungen auf einen gewöhnlichen Zug-
messer.**

Der Widerstand, den die Luft bzw. die Heizgase zu über-
winden haben, setzt sich zusammen aus dem Rostwiderstand
und dem Widerstand in den Feuerzügen und im Schornstein.
Die Zugstärke an jeder Stelle der Feuerzüge ist gleich der statischen Zugstärke vermindert um die Heizgaswiderstände von der
Maßstelle bis zur Schornsteinmündung. Konstruiert man einen
Zugmesser so, daß er nur den Widerstand in den Feuerzügen
mißt, dann sind seine Angaben ohne weiteres ein Maßstab für die
Geschwindigkeit der Heizgase. Diese Aufgabe kann durch Anbringung zweier Zugmesser gelöst werden, von denen der eine mit
dem Feuerraum, der zweite mit der Maßstelle vor dem Schieber
in Verbindung steht. Der Unterschied der Anzeigen beider Zugmesser ist der Differenzzug in den Feuerzügen und ein Maß

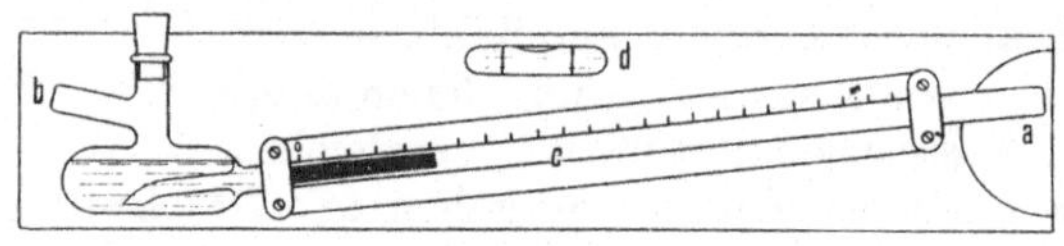

Abb. 43.

für die Heizgasgeschwindigkeit. Der in Abb. 43 dargestellte
Krellsche Zugmesser vereinigt beide Zugmesser in einem
Instrument. Der Stutzen a wird mit der Meßstelle vor dem
Schieber, der Stutzen b mit dem Feuerraum verbunden. Das
Meßrohr c ist geneigt, damit kleine Druckunterschiede genauer
abgelesen werden können. Der Apparat ist mit einer Wasser-
wage d versehen, damit die Neigung des Meßrohres immer auf
dieselbe eingestellt werden kann, wie bei der Eichung. Als
Sperrflüssigkeit dient rot gefärbter Alkohol.

Ist ein Kessel gleichmäßig beansprucht und hat man mit Hilfe
des Orsat-Apparates den günstigsten Differenzzug festgestellt,
dann kann der Krellsche Zugmesser einen selbsttätigen Apparat
für Heizgasuntersuchung ersetzen; der Heizer muß dann den
Rauchschieber immer so stellen, daß der Differenzzug derselbe
bleibt, d. h. bei frisch geschlacktem Rost mit der tiefsten
Stellung anfangen und den Schieber mit zunehmender Ver-
schlackung immer höher ziehen. Bei sehr genauen Verdampfungsversuchen leistet der Krellsche Zugmesser gute Dienste zur Herstellung des Beharrungszustandes in der Feuerung.

Ähnlich in der Wirkungsweise ist der Differenzzugmesser
von Fueß, Berlin-Steglitz, mit verstellbarer Neigung.

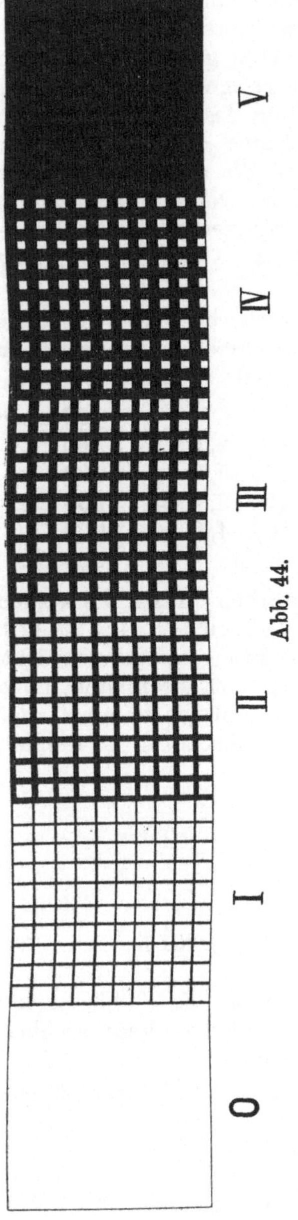

Stellt man mit einem Differenzzugmesser die oben genannten vier Versuche an, dann zeigt sich folgendes:

1. Zugstärke gleich Null;
2. ebenso;
3. Zugstärke nimmt zu;
4. ebenso.

Dieselben Veränderungen der Rauchgasgeschwindigkeit, auf verschiedene Art vorgenommen, äußern also **gleiche Wirkungen auf einen Differenzzugmesser.**

Für die Beurteilung von rauchvermindernden Feuerungen ist eine objektive, d. h. von einer mehr oder weniger willkürlichen Schätzung des Beobachters unabhängige Feststellung der Rauchstärke von großem Wert. Ein einfaches und fast streng objektives Verfahren wurde von Ringelmann

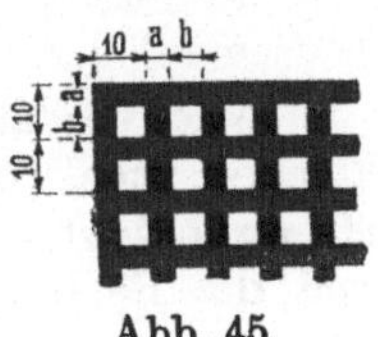

Abb. 45.

angegeben. Man zeichnet sechs Quadrate von je 100 mm Seitenlänge (Abb. 44) nebeneinander, teilt die Seiten derselben mit Ausnahme des ersten Quadrates in je 10 gleiche Teile und zieht die senkrechten und wagerechten Teillinien. Dann werden die Teillinien so verstärkt (Abb. 45), daß folgende Strichstärken a und weißbleibende Quadrate mit der Seitenlänge b entstehen:

2. Quadrat a $=$ 1,0 mm, b $=$ 9,0 mm,
3. „ „ $=$ 2,3 „ „ $=$ 7,7 „
4. „ „ $=$ 3,7 „ „ $=$ 6,3 „
5. „ „ $=$ 5,5 „ „ $=$ 4,5 „
6. „ „ $=$ 10,0 „ „ $=$ 0,0 „

Betrachtet man diese Skala aus einer Entfernung von mindestens 15 m, dann erscheinen die auf das erste folgenden 5 Quadrate als immer dunkler werdende gleichmäßig graue Felder. Beim Versuch hängt man die Skala an einer geeigneten Stelle in der Nähe des Schornsteins auf. Die Färbung des dem Schornstein entsteigenden Rauches wird mit der Farbe dieser Felder verglichen, und es wird aller 1—2 Minuten die dadurch ermittelte Ziffer für die Rauchstärke aufgeschrieben. Nach diesen Ziffern kann man die mittlere Rauchstärke berechnen oder eine zeichnerische Darstellung des Verlaufes[1]) der Rauchentwicklung machen.

Die Abstufungen, die der Ringelmannschen Skala zugrunde liegen, lassen sich wie folgt rückwärts nachrechnen, indem man den Flächeninhalt der weißgebliebenen Teile bestimmt.

1. Quadrat . . . . . . Weiße Fläche $=$				$10\,000$ qmm
2. „ . . . . . . „ „ $= 100 \cdot 9{,}0^2 =$				$8\,100$ „
3. „ . . . . . . „ „ $= 100 \cdot 7{,}7^2 =$				$5\,939$ „
4. „ . . . . . . „ „ $= 100 \cdot 6{,}3^2 =$				$3\,969$ „
5. „ . . . . . . „ „ $= 100 \cdot 4{,}5^2 =$				$2\,025$ „
6. „ . . . . . . „ „ $= 0 \quad =$				0 „

Also verhalten sich für die Rauchstärken 0 his 5 die weißen Flächen wie $10\,000 : 8\,100 : 5\,939 \cdot 3\,969 : 2\,025 : 0 \sim 5 : 4 : 3 : 2 : 1 : 0$. Streng objektiv werden die Rauchbeobachtungen deshalb nicht, weil die Färbung des Rauches, abgesehen vom Brennstoff, auch davon abhängt, ob der Hintergrund durch blauen Himmel oder durch Wolken gebildet ist; zur genauen Beobachtung ist deshalb einige Übung erforderlich.

Vierter Abschnitt.

Der Dampf- und Wärmepreis.

Unter dem Dampfpreis versteht man die Kohlenkosten zur Erzeugung von 1000 kg Dampf; diese Ziffer ist hauptsächlich bestimmend für die Wahl des Brennstoffes.

Der Preis für 100 kg Kohle sei a M., die Brutto-Verdampfungsziffer x; dann kostet

---

[1]) Zeitschrift des Bayer. Revisions-Vereines 1901, S. 103, 1902, S. 139.

1 kg Kohle $\dfrac{a}{100}$ M., ebenso

x „ Dampf $\dfrac{a}{100}$ M. (weil 1 kg Kohle x kg Dampf erzeugt),

1 „ „ $\dfrac{a}{100 \cdot x}$ M.

1000 „ „ $\dfrac{1000 \cdot a}{100 \cdot x} = \dfrac{10 \cdot a}{x}$ M.

Beispiel: Von unserer Versuchskohle kosten 100 kg in der Zeche beispielsweise 2,50 M., deshalb beträgt

$$\text{der Dampfpreis} \quad \frac{10 \cdot 2,50}{9,05} = \mathbf{2,76\ M.}$$

Als Kohlenpreis sind natürlich die Gesamt-Kohlenkosten, also einschließlich Fracht- und Anfuhrkosten, einzusetzen.

Stehen an einem Verwendungsort mehrere Kohlensorten zur Verfügung, dann ermittelt man durch Versuche, die aber mit den verschiedenen Kohlensorten unter gleichen Verhältnissen durchzuführen sind, diejenige Kohle, für welche der Dampfpreis am geringsten wird.

Zur genaueren Feststellung des wirtschaftlichen Wertes einer Kohlensorte kann man aus dem Heizwert und dem Kohlenpreis auch den Wärmepreis berechnen. Man versteht unter Wärmepreis die in Mark ausgedrückten Kosten für 100 000 WE.

Beispiel: Unsere Versuchskohle, von der 100 kg in der Zeche beispielsweise 2,50 M. kosten, hatte einen Heizwert von 7726 WE. Der Wärmepreis berechnet sich nach dem Ansatz:

$$7726\ \text{WE kosten} \quad \frac{2,50}{100} = 0,025\ \text{M.}$$

$$100\,000\quad „ \quad „ \quad \frac{0,025 \cdot 100\,000}{7726} = 0,323\ \text{M.}$$

Musterbeispiel.

Im folgenden sind die bei einem Verdampfungsversuch erforderlichen Aufschreibungen enthalten und in der folgenden Zahlentafel sind die oben schon erledigten Ausrechnungen übersichtlich zusammengestellt.

Versuchsaufschreibungen.

Versuchstag . . . . ·
Beobachter . . . . ·
Versuchsbeginn 10^{45} } Dauer 6 Std. 26 Min. = 6,43 Std.
Versuchsschluß $\;5^{11}$ }
Wasserstand im Glas 149 mm.
„ „ Behälter 121 mm.

Kohle		Speise-Wasser		Rück-stände kg	Zeit	Dampf		Speise-Wasser-temperatur °C	Heizgase vor dem Schieber				Luft-temperatur °C
Zeit	kg	Zeit	kg			at.	°C		CO_2	CO_2+O	T	Zug mm	
10^{45}	100	10^{45}	150		10^{45}	11,0	—	—	—	—	—	—	—
12^{26}	100	10^{57}	150		11^{00}	11,1	215	46	11,0	19,0	196	6	12
1^{28}	100	11^{05}	150		11^{15}	10,9	238	43	11,8	—	210	10	—
2^{52}	100	11^{13}	150		11^{30}	11,2	240	45	11,4	—	210	10	—
4^{22}	100	11^{20}	150		11^{45}	11,1	245	52	10,9	—	220	10	—
	500	11^{35}	150		12^{00}	11,0	239	52	11,5	19,5	210	10	13
		11^{45}	150		12^{15}	11,0	224	50,5	11,0	—	200	10	—
zurück	35,7	12^{06}	150		12^{30}	11,0	240	50,5	11,5	—	210	10	—
ver-heizt	464,3	12^{21}	150		12^{45}	11,0	247	50,5	11,5	—	225	10	—
		12^{37}	150		1^{00}	10,9	249	50,5	12,5	18,7	230	11	15
		12^{57}	150		1^{15}	11,0	243	50	11,9	—	225	11	—
		1^{05}	150		1^{30}	10,8	244	51	11,8	—	220	11	—
		1^{20}	150		1^{45}	10,9	242	50	11,5	—	210	10	—
		1^{32}	150		2^{00}	10,9	235	50,5	11,7	19,0	205	10	15
		1^{45}	150		2^{15}	10,9	227	50	10,5	—	200	10	—
		1^{56}	150		2^{30}	10,9	219	50	12,0	—	200	10	—
		2^{09}	150		2^{45}	10,9	223	51	11,0	—	205	10	—
		2^{22}	150		3^{00}	11,0	229	50	11,8	18,8	205	10	17
		2^{38}	150		3^{15}	11,0	229	51,5	11,5	—	210	10	—
		2^{54}	150		3^{30}	10,9	225	51	12,5	—	210	10	—
		3^{09}	150		3^{45}	10,9	225	50	12,0	—	210	10	—
		3^{23}	150		4^{00}	10,9	230	50	11,5	18,5	220	10	17
		3^{36}	150		4^{15}	10,9	237	52,5	10,8	—	200	10	—
		3^{49}	150		4^{30}	10,8	218	52,5	11,5	—	200	10	—
		4^{00}	150		4^{45}	10,8	217	52,5	11,8	—	200	10	—
		4^{12}	150		5^{00}	11,0	224	53	11,0	19,5	205	10	15
		4^{35}	150		5^{15}	11,0	—	—	—	—	—	—	—
		4^{53}	150										
			4200	17,0		10,9	232	50,5	11,5	19,0	211	10	15

Versuchsergebnisse.

Versuchstag . . . . 19 ..		. . . .
Heizfläche des Versuchskessels . . . . qm	53
„ „ Überhitzers . . . . „	. . . .
Rostfläche „ Versuchskessels . . . . „	0,7
Verhältnis der Rostfläche zur Heizfläche .	1 : 76
Dauer des Versuches . . . . Std.	6,43

Brennstoff: Sorte: Ruhrstückkohle der Zeche
Mathias Stinnes

verheizt im ganzen . . . . kg	464,3
„ in der Stunde . . . . „	72,2
„ „ „ „ auf 1 qm Rostfläche „	103,1

Herdrückstände: im ganzen . . . . kg	17,0	
in Prozenten des verheizten		
Brennstoffes. . . . , . . . %	3,66	
Verbrennliches (Kohlenstoff)		
in denselben . . . . „	67,03	
Speisewasser: Verdampft im ganzen . . . kg	4200	
„ in der Stunde . „	653	
„ „ „ „ auf		
1 qm Heizfläche . . . . . „	12,3	
Temperatur . . . . °C	50,5	
Dampf: Überdruck . . . . at.	10,9	
Temperatur hinter dem Überhitzer °C	232	
Erzeugungs- + Überhitzungswärme WE	618+26 = 644	
Heizgase: Kohlensäuregehalt . . . . %	11,5	
Sauerstoffgehalt . . . . „	7,5	
Temperatur am Kesselende. . . °C	211	
Verbrennungsluft: Temperatur . . . . „	15	
Zugstärke: am Kesselende . . mm Wassersäule	10	
Verdampfung: a) 1 kg Brennstoff verdampfte		
Wasser . . . . kg	9,05	
b) desgl. auf Normaldampf be-		
zogen $(\lambda_n = 639$ WE) . . „	9,12	
Brennstoffpreis: für 100 kg im Kesselhaus M.	2,50	
Dampfpreis: für 1000 kg Dampf nach a . . „	2,76	
„ 1000 „ „ „ b . „	2,74	
Wärmepreis: für 100 000 WE . . . . Pfg.	32,3	

Wärmeverteilung für 1 kg Kohle	WE	%
Nutzbar gemacht: zur Dampfbildung 9,05 · 618 =	5593	72,4
„ Dampfüberhitzung 9,05 · 26	235	3,0
Insgesamt 9,05 · 644 =	5828	75,4
Verloren: a) im Schornstein durch freie Wärme		
der Rauchgase , ...	860	11,1
b) in den Herdrückständen durch Un-		
verbranntes . . . . , ...	199	2,6
c) durch Strahlung, Leitung, Ruß und		
unverbrannte Gase.	839	10,9
Heizwert des Brennstoffes	7726	100,0

Anhang.

Bestimmung des Heizwertes von Kohle.

Der Heizwert von Kohle wird durch Verbrennung einer genau abgewogenen, fein gepulverten Kohlenmenge (etwa 1 g) bestimmt. Die Verbrennung erfolgt in verdichtetem Sauerstoff (etwa 25 at.) in einer sog. Bombe[1]), die sich in einem gegen Wärmeverluste gut isolierten, mit Wasser gefüllten Kalorimeter befindet. Aus der bekannten Wassermenge und der gemessenen Temperaturerhöhung des Wassers wird die von der abgewogenen Kohlenmenge erzeugte Wärmemenge ermittelt und auf 1 kg Kohle umgerechnet. Es gibt verschiedene Bauarten von Bomben; im folgenden soll das bei der Berthelot-Mahlerschen Bombe einzuschlagende Verfahren behandelt werden.

Die Richtigkeit des Ergebnisses hängt wesentlich von der Probenahme ab; denn die etwa 1 g wiegende, zur Verbrennung gelangende Kohlenmenge soll wirklich den Durchschnitt der beim Verdampfungsversuch verheizten Kohlenmenge darstellen. Die eingesandte Probe wird zunächst auf einem Blech ausgebreitet, sofort gewogen und einige Tage im Zimmer stehen gelassen. Der festzustellende Gewichtsverlust, den sie dabei erleidet, ist die grobe Feuchtigkeit. Bei Kohlensorten, die wenig Wasser enthalten, kann diese Bestimmung wegfallen. Hierauf wird die Kohle, möglichst unter Luftabschluß (Kugelmühle), fein gemahlen und durch fortgesetzte Anwendung des auf S. 59 angegebenen Verfahrens die zu verbrennende Probe genommen, die man nach genauer Wägung mittels einer Spindelpresse zu einem zylindrischen Brikettchen preßt, in das gleichzeitig ein sehr feiner abgewogener Stahldraht mit eingepreßt wird, dessen beide Enden aus der oberen Stirnfläche des Preßlings herausragen. Letzterer kommt in ein Quarzglasschälchen, das mit zwei dicken Drähten am Deckel der Bombe befestigt ist. Die Enden des Stahldrähtchens werden mit diesen Zuleitungsdrähten elektrisch leitend verbunden und letztere an die Pole eines Akkumulators angeschlossen. Hierauf schraubt man den Deckel auf und füllt nach dem Austreiben der Luft die Bombe mit Sauerstoff bis zu einem Druck von etwa 25 at. Dann setzt man die Bombe in das Kalorimeter, das man vorher mit einer genau gewogenen Wassermenge gefüllt hat. Die Wassertemperatur stimmt man so ab, daß sie um etwa ebensoviel unterhalb der Zimmertemperatur liegt, als sie nach der Verbrennung voraussichtlich

---

[1]) Neuerdings aus Kruppschem rostfreiem Stahl hergestellt.

über diese kommt. Nun wird das Rührwerk in Tätigkeit gesetzt und man beobachtet das Wasserthermometer mittels einer Lupe alle Minuten, bis die infolge des Wärmeüberganges von außen eintretende Temperatursteigerung konstant geworden ist (Vorversuch). Hierauf schließt man den Strom, der Stahldraht und die Kohle verbrennen plötzlich. Während dieser Zeit beobachtet man das Thermometer in Zwischenräumen von je einer halben Minute, so lange, bis keine Temperaturzunahme mehr eintritt. Damit ist der Hauptversuch beendigt. Nun beobachtet man alle Minuten das fallende Thermometer so lange, bis die Temperaturabnahme konstant geworden ist (Nachversuch).

Während der Verbrennung erwärmen sich jedoch nicht nur das Kalorimeterwasser, sondern auch die Metallteile des Kalorimeters. Man muß deshalb für jedes Kalorimeter feststellen, wie groß die Wassermenge ist, deren Temperaturerhöhung bei Zuführung einer bestimmten Wärmemenge ebenso groß ist wie die Temperaturerhöhung der Metallteile. Diese Wassermenge nennt man den Wasserwert des Kalorimeters, der durch Verbrennung einer gewogenen Menge einer Substanz, deren Heizwert genau bekannt ist, z. B. chemisch reinen Zuckers oder Salizylsäure, ermittelt wird.

Beispiel: Kohlengewicht 1,0189 g, Gewicht des Stahldrähtchens 0,007 g (die Verbrennungswärme des Stahldrahtes beträgt 1600 WE/kg), Wassergewicht 2606 g, Wasserwert des Kalorimeters 694 g, oder zusammen 2606 + 694 = 3300 g = 3,300 kg.

Die Temperaturbeobachtungen lieferten folgende Werte:

Vorversuch:		Hauptversuch:		Nachversuch:	
° C	Differenz	° C	Differenz	° C	Differenz
22 538	—	22,543	—	24,487	—
22,540	0.002	23,000	0.457	24,482	0,005
22,542	0,002	24,370	1,370	24,478	0,004
—	—	24.479	0,109	24,474	0,004
—	—	24,487	0,008	—	—
—	—	24,489	0,002	—	—

Die Temperaturerhöhung beim Hauptversuch betrug demnach 24,489—22,543 = 1,946°. Bei genauen Versuchen sind hier noch einige Berichtigungen anzubringen, die vom Kaliberfehler und dem Gradfehler des Therometers und von dem Wärmeaustausch des Kalorimeters mit seiner Umgebung herrühren.

Bei Vernachlässigung dieser Berichtigungen ergibt sich die vom Kalorimeter aufgenommene Wärmemenge zu 1,946 · 3,300 = 6,422 WE. Hiervon wird die vom Stahldraht erzeugte Wärmemenge $\dfrac{0,007 \cdot 1600}{1000} = 0,012$ WE abgezogen, dann erhält man die von der Kohle abgegebene Wärmemenge zu $6,422 - 0,012 = 6,410$ WE für $1,0189$ g.　Also hat 1 g lufttrockene Kohle einen Heizwert von $\dfrac{6,410}{1,0189} = 6,291$ WE oder 1 kg einen Heizwert von 6291 WE.

Nun enthält die lufttrockene Kohle immer noch Wasser, ferner verbrennt der Wasserstoff der Kohle zu Wasser; das während der Verbrennung verdampfende Wasser schlägt sich nieder, wobei seine Verdampfungswärme frei wird.

In den Heizgasen eines Kessels ist aber das Wasser in Dampfform vorhanden, und seine Verdampfungs- und Flüssigkeitswärme kann nicht ausgenutzt werden; deshalb muß bei der Heizwertbestimmung die beim Niederschlagen des Wasserdampfes an das Kalorimeterwasser abgehende Wärme subtrahiert werden. Den vorhin ermittelten Heizwert nennt man den oberen Heizwert. Der untere Heizwert ergibt sich durch Abzug des Wärmeinhaltes des Wasserdampfes, den man zu 600 WE für 1 kg annimmt.

Der in der Bombe enthaltene Wasserdampf wird wie folgt ermittelt: Man treibt den gasförmigen Inhalt der Bombe mittels eines Aspirators durch ein genau gewogenes Chlorkalziumrohr, wobei die Bombe im Ölbad erwärmt wird. Die Gewichtszunahme des Chlorkalziumrohres ist die aus·der verbrannten Kohle entstandene Wassermenge.

In unserem Beispiel lieferte 1 g Kohle $0,5834$ g Wasser; daher sind $\dfrac{600 \cdot 0,5834}{1000} = 350$ WE in Abzug zu bringen.

Der untere Heizwert der lufttrockenen Kohle beträgt daher $6291 - 350 = 5941$ WE.

Die grobe Feuchtigkeit, d. h. der Gewichtsverlust der ursprünglichen Kohle beim mehrtägigen Liegen an der Luft, wurde zu $6,85\%$ festgestellt; um den Heizwert der ursprünglichen Kohle zu erhalten, ist der Heizwert der lufttrockenen Kohle mit $\dfrac{100 - 6,85}{100}$ zu multiplizieren und davon die zur Verdampfung von $6,85\%$ Wasser erforderliche Wärmemenge $600 \cdot 0,0685 = 41$ WE abzuziehen.

Man erhält:

Heizwert der ursprünglichen Kohle

$$= 5941 \cdot \frac{100 - 6,85}{100} - 41 = 5493 \text{ WE.}$$

Dritter Teil.

Größere Versuche an Dampfmaschinen- und Kesselanlagen.

Allgemeines. Die Durchführung derartiger Versuche sei an einem Beispiel gezeigt, für das die hauptsächlichsten Aufschreibungen und Ergebnisse in den folgenden Zahlentafeln zusammengestellt sind. Das Beispiel läßt ferner den Einfluß der Überhitzung sowie des Umbaues einer Dreizylindermaschine in eine Zweizylindermaschine erkennen.

Die Versuche I bis III wurden im Jahre 1898 an zwei Mac-Nicol-Kesseln mit Überhitzern und einer liegenden Dreifachexpansionsmaschine mit drei Zylindern in einer Spinnerei als Garantieversuche durchgeführt. Die Aufschreibungen geben die üblichen Schwankungen des praktischen Betriebes wieder. Bei Versuch III waren die Überhitzer ausgeschaltet. Der Versuch IV wurde im Jahre 1912 ebenfalls als Garantieversuch durchgeführt, nachdem Hoch- und Mitteldruckzylinder der Maschine durch einen neuen, für hochüberhitzten Dampf gebauten Hochdruckzylinder ersetzt worden waren.

Zu den einzelnen Messungen ist im allgemeinen folgendes zu bemerken:

Die Speisewassermessung erfolgt in großen Anlagen, weil häufig die Beschaffung einer genügend großen Wage und eines geeigneten Wägebehälters Schwierigkeiten macht, durch Messung in einem Behälter, dessen Fassungsraum man durch eine Summe von Einzelwägungen bis zu einer bestimmten Marke geeicht hat. Bei der Eichung achte man darauf, daß das Wasser dieselbe Temperatur hat, die auch beim Versuch zu erwarten ist. Aus der voraussichtlichen Maschinenleistung und dem geschätzten Dampfverbrauch für 1 PS_i-Std. berechne man, wie oft der Behälter stündlich zu füllen ist und ob die Größe der Zu- und Ablaufvorrichtungen die berechnete Zahl der Füllungen zuläßt. Dieselbe Vorsichtsmaßregel gebrauche man auch für den Fall, daß das Wasser während der Versuche unmittelbar gewogen werden kann. Die Zahlentafeln zeigen, daß bei Versuch I bis III, während welcher das Speisewasser in einem geeichten Behälter gemessen wurde, stündlich 2 bis 3 Füllungen mit je 2691 kg notwendig waren, während Versuch IV stündlich etwa 7 Wägungen zu je 900 kg erforderte.

Auch für die Kohlenwägung mache man einen Überschlag über die Zahl der stündlichen Wägungen. Wenn der Raum vor den Kesseln es gestattet und wenn die Lufttemperatur nicht so hoch ist, daß durch Austrocknen der Kohle der Heizwert und das Gewicht der Kohle sich ändern können, dann kann man auch einen Kohlenvorrat vorwägen, der aber, besonders bei Garantieversuchen, sorgfältig zu beobachten und von nicht gewogenen Kohlen streng getrennt zu halten ist. Ist, wie bei Versuch I bis III, ein Kohlengemisch zu verheizen, so wird am besten von jeder Kohlenart eine Probe zur Feststellung des Heizwertes entnommen und der Gesamtheizwert aus dem Mischungsverhältnis berechnet. Um an Untersuchungskosten zu sparen, kann man statt dessen eine Gemischprobe untersuchen lassen, die natürlich dasselbe Mischungsverhältnis, wie die beim Versuch verheizte Kohle haben muß.

Die Untersuchung der Heizgase wird, wie früher behandelt, durchgeführt. Sind die Abgase von zwei oder mehreren Kesseln zu untersuchen, so stellt man entweder hinter jedem Kessel einen Orsatapparat auf oder man führt von jedem Kesselfuchs eine Schlauchleitung nach einem in der Mitte der Reihe angebrachten Apparat. Ein gewandter Beobachter genügt für 3 Kessel, besonders wenn man sich darauf beschränkt, die Kohlensäurebestimmungen für jeden Kessel aller 10 Minuten und die Sauerstoffbestimmungen jede halbe Stunde durchzuführen. Auf jede CO_2-Bestimmung entfallen dann 3 Minuten, eine Zeit, die auch bei 8 stündiger Versuchsdauer nicht zu kurz ist. Die Untersuchung von Sammelproben, die mittels gleichmäßig saugender Aspiratoren entnommen werden, ist nur bei annähernd gleichmäßigem Betrieb zweckmäßig und führt bei stark schwankendem CO_2-Gehalt zu falschen Mittelwerten.

Gleichzeitig mit dem Indizieren der Maschine nehme man auch eine vorläufige Planimetrierung der Diagramme vor, deren Ergebnis in eine Zahlentafel eingetragen wird; die zu jedem Planimeterwert gehörige Leistung kann ebenfalls mit aufgeschrieben werden. Wegen Zeitmangels begnügt man sich jedoch meistens mit der Ausrechnung des Mittelwertes der Leistung aus dem Mittel der Planimeterwerte für den weiter unten besprochenen Zwischenabschluß (S. 122 u. 125) und den Hauptabschluß am Ende des Versuches zur vorläufigen Feststellung des Versuchsergebnisses. Ein Beobachter kann aller 10 bis 15 Minuten zwei Zylinder indizieren, also 4 Indikatoren bedienen, den Umdrehungszähler ablesen und die Diagramme vorläufig mit einmaliger Umfahrung planimetrieren, wenn die Instrumente so gut untersucht und vorbereitet werden, daß keine Störungen durch Reißen von Schnüren, Brechen von Trommel- oder Hubrollenfedern, Auswechseln von Indikatorfedern, Lösen und Abfallen von Hubröllchen, Lockerung des Mitnehmers, Hängenbleiben des Umdrehungszählers usw. vorkommen. Wenn man ganz sicher gehen will, besonders bei Garantieversuchen, verwende man für 2 bis 3 Zylinder zwei, für 4 Zylinder drei Beobachter, besonders wenn neben den Dampfdrücken auch die Dampftemperatur gemessen werden soll.

An Beobachtern und Hilfsleuten sind demnach bei größeren Versuchen erforderlich:

a) 1 Versuchsleiter, der je nach der Örtlichkeit und Größe der Versuchseinrichtungen noch folgendes übernehmen kann: Entweder die Kohlenwägung und Probenahme, die Messung des Dampfdruckes und der Lufttemperatur im Kesselhaus, oder die Wasserwägung und die Messung der Wassertemperatur. Bei sehr ausgedehnten Versuchen sollte sich jedoch die Arbeit des Versuchsleiters auf die Vorbereitung der Versuche, die Überwachung der Beobachter und der Versuchseinrichtungen, die Feststellung der Anfangs- und Endbedingungen, die Herstellung etwaiger Zwischenabschlüsse, die vorläufige Berechnung der Ergebnisse, sowie bei Garantieversuchen auf die Klärung etwaiger Meinungsverschiedenheiten zwischen den beteiligten Parteien beschränken.

b) 1 Beobachter für die Kohlenwägung und die Probenahme, sowie die Wägung der Rückstände; ihm sind 1 bis 2 Mann zum Kohlenfahren und zum Auf- und Abheben der Gewichte beizugeben; einer von diesen bezeichnet an oder neben der Wage jede Kohlenwägung durch einen Kreidestrich. In Kesselhäusern mit selbsttätiger Kohlenförderung und Rostbeschickung sind die Schieber der zu den Kohlentrichtern der Versuchskessel führenden Schläuche zu schließen; von einem Schlauch aus kann durch einen aus Brettern hergestellten Hilfsschlauch die Kohle bequem nach der Wage geleitet werden.

c) 1 Beobachter für die Wasserwägung, dem ein Hilfsmann zur Bedienung der Wage und der Zu- und Ablaufvorrichtungen beizugeben ist; letzterer bezeichnet, wie bei der Kohlenwägung, den Beginn des Ablaufes jeder Füllung durch einen Kreidestrich am Wägebehälter. Diese Kreidestriche sind für den Versuchsleiter ein bequemes und übersichtliches Mittel zur Überwachung der Wägungen und ein Schutz gegen Irrtümer. Wenn der Beobachter der Kohlenwägungen zu sehr beschäftigt ist, übernimmt der Wasserwäger die Aufschreibung von Druck und Temperatur des Dampfes.

d) 1 bis 2 Beobachter für die Untersuchung der Abgase. Der Standort des Orsatapparates ist so zu wählen, daß das Licht von der Seite oder von hinten kommt, damit die Skala gut ablesbar ist. Auch die Aufhängung einer elektrischen Glühlampe an einem über das Kesselmauerwerk gelegten Schüreisen hat sich gut bewährt. Wenn der Raum in der Nähe des Schiebers zu klein, dunkel oder sehr warm ist, dann kann man den Apparat auch vor den Kesseln an einer den Durchgang nicht behindernden Stelle anbringen. Die Schläuche werden dann ziemlich lang, am besten über die Kesseldecke, verlegt und vor der Berührung mit heißen Teilen durch untergelegte Ziegelsteine oder Holzstücke geschützt. Bei langen Schläuchen muß man vor der Analyse 10 bis 20 mal absaugen oder das S. 72 angegebene Aspirationsverfahren anwenden, um frisches Gas in den Apparat zu bekommen. Zur Messung der Rauchgastemperatur muß der Beobachter allerdings seinen Arbeitsplatz verlassen, so daß zur Ausführung einer vollständigen Messung mehr als 3 Minuten erforderlich sind.

e) 1 bis 2 Beobachter für das Indizieren, vorläufiges Planimetrieren, die Beobachtung der Dampfdrücke und Temperaturen vor und innerhalb der Maschine, sowie für die Messung der Umdrehungszahl. Bei Verwendung mehrerer Indikatoren ist peinlich darauf zu achten, daß nicht Teile eines Indikators in einen fremden Kasten geraten und dadurch verwechselt werden. Um sich vor solchen Fehlern zu schützen, stellt man längs jeder Maschinenseite je einen Tisch auf und legt die Indikatorkästen in derselben Reihenfolge auf die Tische, in der die Indikatoren an der Maschine sitzen.

f) 1 Hilfsmann zur Wägung des Dampfwassers aus der Leitung und den Mänteln. Jede Wägung ist von einem der genannten Beobachter, dem es seine sonstige Arbeit und sein Standort gestattet, oder auch von dem Versuchsleiter zu prüfen und aufzuschreiben.

Jeder Beobachter erhält das Gerippe einer Zahlentafel für seine Messungen. Diese Zahlentafeln sind auf S. 102 bis 117 zusammengestellt. Um Raum zu sparen, sind hier einzelne Aufschreibungen weggelassen, aber deren Mittelwerte oder Summen in die Berechnung der Ergebnisse eingetragen worden. Die weggelassenen Aufschreibungen betreffen: Anfangsdrücke in den drei Zylindern, Füllungen des Mittel- und Niederdruckzylinders, Vakuum im Kondensator, Wägung des Dampfwassers aus der Leitung und den Mänteln, Temperatur des zu- und abfließenden Kühlwassers, Barometerstand, Heizgasuntersuchung des Kessels II.

A. Versuchsaufschreibungen.

I. Hauptabmessungen und Konstante.

a) Für die Zweizylindermaschine.

		Hochdruck-Zylinder		Niederdruck-Zylinder	
		KS	AS	KS	AS
Zylinderdurchmesser	m	770		1400	
Kolbenstangendurchmesser	mm	150,0	150,0	150,0	150,0
Nutzbare Kolbenfläche $F =$ . . .	qcm	4479,9	4479,9	15217	15217
Kolbenhub $s =$	m	1,500		1,500	
Normale minutl. Drehzahl $n =$		62			
Indikator Nr.		3654	3653	2973	2974
Federmaßstab $f =$ . . . . .mm/kg/qcm		3,62	3,62	18,17	18,22
Maschinenkonstante[1] . . . . C_{1-4}		0,02750	0,02750	0,01862	0,01857
Indizierte Leistung einer Kolbenseite $N_i =$ . . . . PSi		$C_1 \cdot Pl \cdot n$	$C_2 \cdot Pl \cdot n$	$C_3 \cdot Pl \cdot n$	$C_4 \cdot Pl \cdot n$
Zylinderverhältnis		1	:	3,4	

b) Für die Dreizylindermaschine.

		Hochdruck-Zylinder		Mitteldruck-Zylinder		Niederdruck-Zylinder	
		KS	AS	KS	AS	KS	AS
Zylinderdurchmesser. .	mm	620		1049		1398	
Kolbenstangendurchm.	mm	148,5	184,5	184,5	149,5	149,5	150,0
Nutzb.Kolbenfläche $F =$	qcm	2845,9	2751,7	8375	8467	15174	15173
Kolbenhub $s =$	m	1,500		1,500		1,500	
Normale minutl.Drehzahl $n=$		62					
Indikator Nr.		2572	2573	303	636	3001	3000
Federmaßst. $f =$ mm/kg/qcm		4,94	4,844	14,30	13,93	25,38	24,43
Maschinenkonstante[1] C_{1-6}		0,01280	0,01262	0,01301	0,01351	0,01329	0,01380
Indizierte Leistung einer Kolbenseite $N_i =$ . . PSi		$C_1 \cdot Pl \cdot n$	$C_2 \cdot Pl \cdot n$	$C_3 \cdot Pl \cdot n$	$C_4 \cdot Pl \cdot n$	$C_5 \cdot Pl \cdot n$	$C_6 \cdot Pl \cdot n$
Kurbelstellung						90° nacheilend	
Zylinderverhältnis		1	:	3,0	:	5,42	

[1] Aus der Gleichung:

$$\text{Indizierte Leistung einer Kolbenseite} = \frac{F \cdot \dfrac{Pl}{x \cdot f} \cdot s \cdot n}{60 \cdot 75} \quad \text{folgt:}$$

$$\text{mit } C = \frac{F \cdot s}{x \cdot f \cdot 60 \cdot 75}$$

$$N_i = C \cdot Pl \cdot n;$$

hier bedeutet: Pl den Planimeterwert, x die Planimeterkonstante bei
Spitzeneinstellung (hier $x = 15$)
oder die Diagrammlänge bei Einstellung auf qmm.

II. Aufschreibungen für
a) Erster Versuch

Zeit	Minutliche Drehzahl			Dampfdruck im Kessel	Dampftemperatur vor der Maschine	Hochdruckzylinder						Indizierte Gesamtleistung
	Ablesung am Umdreh.-Zähler	Differenz	n			Kurbelseite			Außenseite			
						Füllung	Planimeterwert	Indizierte Leistung	Füllung	Planimeterwert	Indizierte Leistung	
				at.	°C	%		PSi	%		PSi	PSi
9^{00}	78967	—	—	12,0	209	24	267	207	23	277	212	409
10				12,1	206	23	262	203	23	285	218	421
20				—	205	23	260	201	23	277	212	413
30				12,2	224	23	271	210	23	272	208	418
40				11,8	208	24	270	209	23	275	210	419
50				—	204	23	278	215	23	293	224	439
10^{00}	82546	3579	59,7	11,9	203	22	272	211	23	300	229	440
10				11,9	208	26	280	217	27	287	219	436
20				—	208	25	276	214	26	300	229	443
30				11,7	207	25	267	207	26	287	219	426
40				11,3	204	25	288	226	26	291	222	448
50				—	216	29	303	235	26	328	251	485
11^{00}	86198	3652	60,9	12,2	224	34	322	250	41	330	252	502
10				11,9	222	33	307	238	34	320	245	483
20				—	225	34	313	242	35	323	247	489
30				12,0	226	30	300	232	35	323	247	479
40				11,8	199	32	305	236	32	315	241	477
50				—	234	36	300	232	33	314	240	472
12^{00}	89829	3631	60,5	12,0	233	33	310	240	36	336	257	497
10				11,7	231	35	307	238	33	328	251	489
20				—	230	35	318	246	36	335	256	502
30				12,3	232	34	315	244	37	335	256	500
40				11,7	228	38	315	244	36	335	256	500
50				—	228	38	315	244	40	345	264	508
1^{00}	93434	3605	60,1	11,8	224	38	309	239	40	348	266	505
10				12,1	226	34	320	248	41	340	260	508
20				—	224	38	315	244	37	331	253	497
30				11,6	221	38	320	248	41	344	263	511
40				11,6	220	35	315	244	41	340	260	504
50				—	222	37	322	249	38	338	258	507
2^{00}	97036	3602	60,0	12,0	225	36	319	247	40	340	260	507
10				12,2	223	37	309	239	38	327	250	489
20				—	218	34	304	236	41	331	253	489
30				11,4	227	37	302	230	36	324	247	477
40				11,9	197	39	305	236	43	330	252	488
50				—	208	35	313	242	38	346	264	506
3^{00}	00654	3618	60,3	11,8	224	36	301	233	39	333	254	487
10				11,6	226	38	314	243	43	338	258	501
20				—	228	34	318	246	38	340	260	506
30				11,1	230	40	300	232	45	330	252	484
40				12,0	223	35	310	240	39	340	260	500
50				—	225	37	310	240	41	340	260	500

die Maschinenversuche.
(mit Überhitzung).

Mitteldruckzylinder					Niederdruckzylinder							Vakuum im Kondensator	Indizierte Gesamtleistung der Maschine
Kurbelseite		Außenseite		Indizierte Gesamtleistung	Kurbelseite			Außenseite			Indizierte Gesamtleistung		
Planimeterwert	Indizierte Leistung	Planimeterwert	Indizierte Leistung		Vakuum	Planimeterwert	Indizierte Leistung	Vakuum	Planimeterwert	Indizierte Leistung			
	PS_i		PS_i	PS_i	at.		PS_i	at.		PS_i	PS_i	cm	PS_i
81	64	84	68	133	0,85	215	172	0,85	217	181	353		894
83	65	82	67	132	0,85	230	184	0,85	226	189	373		926
77	61	79	65	126	0,84	215	172	0,86	212	177	349		888
76	60	85	70	130	0,84	210	168	0,87	212	177	345		893
77	61	82	67	128	0,85	204	163	0,86	218	182	345		892
81	64	84	69	133	0,84	211	169	0,86	216	181	350		922
77	61	78	64	125	0,85	212	170	0,86	215	180	350		915
80	63	82	67	130	0,84	222	177	0,85	218	182	359		925
86	68	87	71	139	0,84	213	170	0,84	215	180	350		932
81	64	86	70	134	0,84	225	180	0,85	216	181	361		921
85	67	87	71	138	0,84	221	176	0,84	214	179	355		941
117	92	112	92	184	0,81	270	216	0,84	274	229	445		1114
112	98	115	94	192	0,83	267	214	0,83	273	228	442		1138
112	98	110	90	188	0,83	270	216	0,83	271	226	442		1113
110	87	112	92	179	0,84	261	209	0,85	265	221	430		1098
110	87	102	84	171	0,84	248	199	0,86	258	216	415		1065
100	79	110	90	169	0,84	249	199	0,85	249	208	407		1053
110	87	104	85	172	0,84	263	210	0,84	269	225	435		1079
107	84	100	82	166	0,84	258	206	0,84	269	225	431	dauernd 72	1094
109	86	104	85	171	0,84	273	218	0,82	276	231	449		1109
107	84	105	86	170	0,84	281	225	0,83	290	242	467		1139
114	90	105	86	176	0,84	278	222	0,82	288	241	463		1139
107	84	111	91	175	0,84	283	226	0,82	296	247	473		1148
123	97	114	93	190	0,84	287	230	0,81	302	252	482		1190
120	95	116	95	190	0,84	297	238	0,81	304	254	492		1187
120	95	111	91	186	0,83	289	231	0,81	306	256	487		1181
114	90	104	85	175	0,84	286	229	0,83	306	256	485		1156
115	91	112	92	183	0,83	300	240	0,83	310	259	499		1193
112	88	102	84	172	0,83	292	234	0,83	298	249	483		1159
114	90	108	88	178	0,82	296	237	0,81	308	257	494		1179
112	88	115	94	182	0,82	298	238	0,81	301	252	490		1179
111	88	108	88	176	0,82	291	233	0,84	299	250	483		1148
114	90	102	84	174	0,82	286	229	0,82	269	225	454		1117
115	91	108	88	179	0,83	290	232	0,82	295	247	479		1135
105	83	104	85	168	0,82	301	241	0,82	307	257	498		1154
108	85	108	88	173	0,82	289	231	0,83	294	246	477		1156
112	88	93	76	164	0,82	300	240	0,83	302	252	492		1143
125	99	105	86	185	0,82	286	237	0,83	310	259	496		1182
111	88	100	82	170	0,81	293	234	0,83	299	250	484		1160
120	95	105	86	181	0,82	304	243	0,83	309	258	501		1166
115	91	105	86	177	0,81	298	238	0,83	300	251	489		1166
118	93	106	87	180	0,81	299	239	0,83	307	257	496		1176

a) Erster Versuch (mit Über-

Zeit	Minutliche Drehzahl			Dampfdruck im Kessel	Dampftemperatur vor der Maschine	Hochdruckzylinder						Indizierte Gesamtleistung
	Ablesung am Umdreh.-Zähler	Differenz	n			Kurbelseite			Außenseite			
						Füllung	Plani-meterwert	Indizierte Leistung	Füllung	Plani-meterwert	Indizierte Leistung	
				at.	° C	%		PSi	%		PSi	PSi
4⁰⁰	04338	3684	61,4	11,8	228	37	312	242	41	335	256	498
10				11,6	225	36	317	246	40	346	256	502
20				—	226	34	317	246	38	346	264	510
30				11,3	228	40	300	233	43	332	254	487
40				11,6	220	39	310	240	43	333	254	494
50				—	225	39	310	240	43	330	252	492
5⁰⁰	08016	3678	61,3	11,0	226	40	300	232	45	320	245	477
Mittel		29049	60,5	11,8	222	33	302	234	35	323	246	480

b) Zweiter Versuch

Zeit	Minutliche Drehzahl			Dampfdruck im Kessel	Dampftemperatur vor der Maschine	Hochdruckzylinder						Indizierte Gesamtleistung
	Ablesung am Umdreh.-Zähler	Differenz	n			Kurbelseite			Außenseite			
						Füllung	Plani-meterwert	Indizierte Leistung	Füllung	Plani-meterwert	Indizierte Leistung	
				at.	° C	%		PSi	%		PSi	PSi
7³⁰	17711	—	—	11,7	231	26	308	241	44	342	265	506
40				11,6	228	38	312	245	43	340	263	508
50				—	231	35	306	240	41	335	259	499
8⁰⁰				12,1	234	36	317	249	42	355	275	524
10				11,8	231	29	292	229	33	311	241	470
20				—	228	32	291	228	34	314	243	471
30	21398	3687	61,5	12,0	228	31	292	229	35	328	254	483.
40				11,9	228	32	297	233	35	323	250	483
50				—	229	31	292	229	35	326	252	481
9⁰⁰				11,9	230	29	296	232	34	316	244	477
10				12,0	228	28	282	221	33	313	242	463
20				—	228	27	292	229	32	318	246	475
30	25109	3711	61,9	11,7	231	31	286	224	36	307	236	460
40				11,6	233	29	293	230	33	316	244	474
50				—	235	44	277	217	51	312	241	458
10⁰⁰				10,1	218	45	270	212	52	305	236	448
10				11,9	226	36	303	238	40	333	258	496
20				—	230	37	295	231	42	325	251	482
30	28790	3681	61,4	11,5	228	36	294	231	40	329	254	485
40				11,5	230	33	291	228	36	312	241	469
50				—	228	31	295	231	34	320	247	478
11⁰⁰				11,9	228	33	296	232	37	329	254	486
10				12,0	230	32	302	237	36	325	251	488
20				—	229	33	297	233	37	329	254	487
30	32486	3696	61,6	11,8	228	33	295	231	37	323	250	481
40				11,7	227	28	279	219	32	307	237	456
50				—	228	33	288	227	37	310	240	467
12⁰⁰				12,0	226	32	304	238	36	323	250	488
10				11,2	228	36	291	228	43	322	249	477
20				—	226	33	300	235	37	325	251	486
30	36183	3697	61,6	11,9	223	32	295	231	35	315	244	475

hitzung). Fortsetzung von Seite 102/103.

Mitteldruckzylinder					Niederdruckzylinder							Vakuum im Kondensator	Indizierte Gesamtleistung der Maschine
Kurbelseite		Außenseite		Indizierte Gesamtleistung	Kurbelseite			Außenseite			Indizierte Gesamtleistung		
Planimeterwert	Indizierte Leistung	Planimeterwert	Indizierte Leistung		Vakuum	Planimeterwert	Indizierte Leistung	Vakuum	Planimeterwert	Indizierte Leistung			
	PSi		PSi	PSi	at.		PSi	at.		PSi	PSi	cm	PSi
112	88	108	88	176	0,80	305	244	0,83	306	256	500	dauernd 72	1174
118	93	110	90	183	0 80	302	242	0,84	302	252	494		1179
122	96	85	70	166	0,81	291	233	0,81	308	257	490		1166
120	95	106	87	182	0,82	301	241	0,82	310	259	500		1169
132	104	110	90	194	0,81	291	233	0.82	307	257	490		1178
100	79	100	82	161	0,81	290	232	0,82	306	256	488		1141
115	91	100	82	173	0,82	300	240	0,83	313	262	502		1152
106	84	101	83	167	0,83	270	216	0,83	276	231	447	72	1094

(mit Überhitzung).

128	102	117	97	199	0,83	294	239	0,83	304	257	496	dauernd 72	1201
140	112	119	99	211	0,81	304	248	0,83	320	271	519		1238
123	98	117	99	197	0,83	293	239	0,83	298	250	489		1185
136	108	109	90	198	0,82	304	248	0,83	310	262	510		1232
110	88	100	83	171	0,85	265	216	0,85	276	233	449		1090
105	84	96	80	164	0,85	262	213	0,84	274	232	445		1080
113	90	100	83	173	0 86	260	212	0,86	267	226	438		1094
112	89	92	76	165	0,86	261	213	0,86	263	222	435		1084
108	86	95	79	165	0,85	259	211	0,86	260	220	431		1077
109	87	98	81	168	0,84	253	206	0,86	255	216	422		1067
106	85	90	75	160	0,84	249	203	0 86	250	211	414		1037
100	80	95	79	159	0,85	253	206	0,86	251	212	418		1052
100	80	100	83	163	0,84	249	203	0,85	253	214	417		1040
105	84	98	81	165	0,84	252	205	0,86	263	222	427	dauernd 72	1066
131	104	115	95	199	0,82	274	223	0,83	280	237	460		1117
132	105	120	99	204	0,82	293	239	0,83	297	251	490		1142
120	96	114	94	190	0,81	289	235	0.84	298	244	479		1165
128	102	112	93	195	0,84	286	225	0,83	285	241	466		1143
122	97	104	86	183	0.84	278	226	0,85	278	235	461		1129
109	87	107	89	176	0,84	274	223	0,85	269	227	450		1095
114	91	98	81	172	0,84	265	216	0,87	262	222	438		1088
116	93	102	85	178	0.84	269	219	0,85	273	231	450		1114
117	93	100	83	176	0,84	269	219	0,84	273	231	450		1114
114	91	108	89	180	0,82	266	217	0,85	261	221	437		1104
118	94	100	83	177	0,83	272	222	0,85	270	228	450		1108
101	81	99	82	163	0,85	255	208	0,86	253	214	422		1041
115	92	97	80	172	0,85	259	211	0,86	260	220	431		1070
111	89	110	91	180	0,84	270	220	0,84	269	227	447		1115
116	93	115	95	188	0,82	283	230	0,83	277	234	464		1129
111	89	112	93	182	0,83	279	227	0,84	279	236	463		1131
106	85	105	87	172	0,84	270	220	0,84	268	227	467		1094

b) Zweiter Versuch (mit Über-

Zeit	Ablesung am Umdreh.-Zähler	Differenz	n	Dampfdruck im Kessel at.	Dampftemperatur vor der Maschine °C	Kurbelseite Füllung %	Kurbelseite Planimeterwert	Kurbelseite Indizierte Leistung PSi	Außenseite Füllung %	Außenseite Planimeterwert	Außenseite Indizierte Leistung PSi	Indizierte Gesamtleistung PSi
12^{40}				11,6	220	35	297	233	40	325	251	484
50				—	218	27	280	220	30	296	229	449
1^{00}				11,9	218	25	273	214	27	288	223	437
10				11,8	222	25	270	212	29	295	228	440
20				—	228	26	280	220	27	290	224	444
30	39854	3671	61,2	12,0	220	26	278	218	29	292	227	445
40				11,8	226	26	275	216	28	290	224	440
50				—	228	25	278	218	28	293	227	445
2^{00}				11,7	221	26	278	218	29	290	224	442
10				11,8	224	36	310	243	40	336	260	503
20				—	220	34	291	228	36	319	247	475
30	43535	3681	61,4	11,8	224	34	306	240	37	331	256	496
40				11,8	220	34	295	231	37	316	244	475
50				—	222	34	300	235	37	326	252	487
3^{00}				11,6	225	34	292	229	40	330	255	484
10				12,0	224	33	300	235	38	332	257	492
20				—	220	31	297	233	36	324	251	484
30	47213	3678	61,3	12,0	221	29	295	231	34	321	247	478
Mittel		29502	61,4	11,8	226	32	292	229	36	318	246	475

c) Dritter Versuch

Zeit	Ablesung am Umdreh.-Zähler	Differenz	n	Dampfdruck im Kessel at.	Dampftemperatur vor der Maschine °C	Kurbelseite Füllung %	Kurbelseite Planimeterwert	Kurbelseite Indizierte Leistung PSi	Außenseite Füllung %	Außenseite Planimeterwert	Außenseite Indizierte Leistung PSi	Indizierte Gesamtleistung PSi
7^{30}	60976	—	—	11,6		35	294	230	34	313	242	472
40				11,7		40	293	230	43	316	244	474
50				—		33	305	239	39	329	262	501
8^{00}				11,9		36	315	247	39	319	247	494
10				11,5		32	303	238	35	317	245	483
20				—		34	298	234	40	321	248	482
30	64570	3594	59,9	12,2		32	312	245	36	315	244	489
40				11,7		33	299	234	35	318	246	480
50				—		33	307	241	34	323	250	491
9^{00}				11,8		33	308	241	35	323	250	491
10				11,9		33	310	243	35	320	247	490
20				—		33	297	233	35	324	251	484
30	68212	3642	60,7	12,0		32	300	235	34	325	251	486
40				12,0		33	296	232	36	320	247	489
50				—		34	300	235	28	320	247	482
10^{00}				12,0		28	274	215	31	295	228	443
10				11,9		29	278	218	29	299	231	449
20				—		28	288	226	29	291	225	451
30	71932	3720	62,0	12,0		29	299	234	31	311	240	474

hitzung). Fortsetzung von Seite 104/105.

Mitteldruckzylinder					Niederdruckzylinder							Vakuum im Kondensator	Indizierte Gesamtleistung der Maschine
Kurbelseite		Außenseite		Indizierte Gesamtleistung	Kurbelseite			Außenseite			Indizierte Gesamtleistung		
Plani-meterwert	Indizierte Leistung	Plani-meterwert	Indizierte Leistung		Vakuum	Plani-meterwert	Indizierte Leistung	Vakuum	Plani-meterwert	Indizierte Leistung			
	PSi		PSi	PSi	at.		PSi	at.		PSi	PSi	cm	PSi
118	94	118	98	192	0,84	278	226	0,86	278	235	461		1137
100	80	92	76	156	0,85	245	200	0,87	248	210	410		1015
94	75	80	66	141	0,86	230	187	0,88	229	194	381		959
92	73	88	73	146	0,86	226	184	0,87	231	195	379		965
97	77	93	77	154	0,86	226	184	0,87	232	196	380		978
95	76	77	64	140	0,86	229	187	0,87	233	198	385	dauernd 72	970
90	72	84	70	142	0,87	223	182	0,86	225	190	372		954
85	78	91	75	153	0,86	225	183	0,86	232	196	379		977
94	75	87	72	147	0,86	225	183	0,84	229	194	377		966
120	96	114	94	190	0,85	254	207	0,84	258	218	425		1118
117	93	106	88	181	0,85	269	219	0,84	270	228	447		1103
112	89	103	85	174	0,84	264	215	0,84	264	223	438		1108
123	98	109	90	188	0,85	272	211	0,84	271	229	440		1103
125	100	110	91	191	0,84	264	215	0,84	270	228	443		1121
127	101	110	91	192	0,85	269	219	0,85	279	236	455		1131
122	97	118	98	195	0,85	273	222	0,85	280	237	459		1146
118	94	106	88	182	0,85	269	219	0,85	266	225	444		1110
120	96	110	91	187	0,84	330	269	0,86	266	225	494		1159
113	90	103	85	175	0,84	265	216	0,85	267	225	441	72	1091

(ohne Überhitzung).

Plani-meterwert	Indizierte Leistung PSi	Plani-meterwert	Indizierte Leistung PSi	Indizierte Gesamtleistung PSi	Vakuum at.	Plani-meterwert	Indizierte Leistung PSi	Vakuum at.	Plani-meterwert	Indizierte Leistung PSi	Indizierte Gesamtleistung PSi	Vakuum im Kondensator cm	Indizierte Gesamtleistung der Maschine PSi
123	98	107	89	187	0,84	275	224	0,83	265	224	448		1107
139	111	115	95	206	0,81	307	250	0,82	316	267	517		1197
135	108	108	89	197	0,82	301	245	0,82	312	264	509		1207
135	108	120	99	207	0,83	310	252	0,81	318	270	522		1223
117	93	105	87	180	0,83	289	235	0,84	292	247	482		1145
130	104	114	94	198	0,83	292	238	0,83	292	247	485		1165
122	97	105	87	184	0,83	296	241	0,83	289	244	486		1159
126	100	108	89	189	0,82	289	235	0,83	283	239	474	dauernd 72	1143
117	93	109	90	183	0,82	286	238	0,83	283	239	477		1151
125	100	122	101	201	0,82	293	239	0,79	288	244	483		1175
114	91	105	87	178	0,82	284	231	0,82	285	241	472		1140
118	94	103	85	179	0,82	279	227	0,82	286	242	469		1132
109	87	96	80	167	0,82	291	237	0,83	278	235	472		1125
120	86	106	88	174	0,83	288	235	0,83	285	241	476		1129
115	92	105	87	179	0,83	293	239	0,83	291	246	485		1146
91	72	85	70	142	0,84	259	211	0,85	262	222	433		1018
91	73	86	71	143	0,83	255	208	0,84	252	213	421		1014
91	73	76	63	136	0,85	249	203	0,84	245	207	410		997
105	84	97	80	164	0,83	269	219	0,82	266	225	444		1082

c) Dritter Versuch (ohne Über-

Zeit	Minutliche Drehzahl			Dampfdruck im Kessel	Dampftemperatur vor der Maschine	Hochdruckzylinder						Indizierte Gesamtleistung
	Ablesung am Umdreh.-Zähler	Differenz	n			Kurbelseite			Außenseite			
						Füllung	Planimeterwert	Indizierte Leistung	Füllung	Planimeterwert	Indizierte Leistung	
				at.	°C	%		PSi	%		PSi	PSi
10⁴⁰				11,3		34	293	230	38	313	242	472
50				—		32	290	227	36	211	240	467
11⁰⁰				12,0		28	291	228	32	305	236	464
10				11,7		31	294	230	34	318	246	476
20				—		27	284	223	31	300	232	455
11³⁰	75634	3702	61,7	12,2		26	280	219	28	305	236	455
40				11,7		25	284	223	30	305	236	459
50				—		28	291	228	33	308	238	466
12⁰⁰				12,2		28	298	234	32	313	242	476
10				11,7		30	291	228	34	309	239	467
20				—		31	291	228	33	315	244	472
30	79324	3690	61,5	11,8		31	301	226	33	316	244	480
40				11,9		34	293	230	35	318	246	476
50				—		32	295	231	35	325	251	482
1⁰⁰				12,1		32	301	236	34	325	251	487
10				11,4		31	296	232	35	321	248	480
20				—		32	285	223	34	306	237	460
30	83002	3678	61,3	12,2		28	300	235	31	306	237	472
40				12,0		31	292	224	35	330	255	479
50				—		31	294	230	33	308	238	468
2⁰⁰				12,0		30	292	224	33	323	240	474
10				11,4		33	285	223	38	320	247	470
20				—		29	285	223	31	306	237	460
30	86692	3690	61,5	11,8		31	303	238	35	325	251	489
40				12,1		25	284	223	28	303	234	457
50				—		27	275	216	30	295	228	444
3⁰⁰				12,0		26	290	227	29	308	238	465
10				11,6		27	275	215	31	303	234	449
20				—		26	280	219	26	300	232	451
30	90394	3702	61,7	11,8		27	278	218	30	299	231	449
Mittel		29418	61,3	11,9		31	293	230	33	313	242	472

d) Vierter Versuch (mit Über-

Zeit	Ablesung am Umdreh.-Zähler	Differenz	n	Dampfdruck im Kessel	Dampftemperatur vor der Maschine	Füllung	Planimeterwert	Indizierte Leistung	Füllung	Planimeterwert	Indizierte Leistung	Indizierte Gesamtleistung
7⁵⁰				11,8	348		239	414		243	420	834
8⁰⁰	39888	—	—	11,9	350		228	395		220	381	776
10				11,8	352		241	417		248	429	846
20				12,0	351		241	417		244	422	839
30	41776	1888	62,9	12,0	347		249	431		255	441	872
40				12,0	348		236	408		239	414	822
50				11,4	338		234	405		237	410	815

hitzung). Fortsetzung von Seite 106/107.

Mitteldruckzylinder					Niederdruckzylinder							Vakuum im Kondensator	Indizierte Gesamtleistung der Maschine
Kurbelseite		Außenseite		Indizierte Gesamtleistung	Kurbelseite			Außenseite			Indizierte Gesamtleistung		
Planimeterwert	Indizierte Leistung	Planimeterwert	Indizierte Leistung		Vakuum	Planimeterwert	Indizierte Leistung	Vakuum	Planimeterwert	Indizierte Leistung			
	PSi		PSi	PSi	at.		PSi	at.		PSi	PSi	cm	PSi
121	97	105	87	184	0,83	279	227	0,80	281	238	465		1121
119	95	101	84	179	0,82	290	236	0,80	292	247	483		1129
106	85	100	83	168	0,82	276	225	0,82	277	234	459		991
107	85	100	83	168	0,83	280	228	0,82	277	234	462		1106
103	82	92	76	158	0,82	269	219	0,83	263	222	441		1054
97	77	92	76	153	0,82	269	219	0,83	267	226	445		1053
100	80	90	75	155	0,86	254	218	0,83	252	213	431		1045
112	89	97	80	169	0,85	264	215	0,83	275	233	448		1083
100	80	95	79	159	0,85	260	212	0,82	272	230	442		1077
109	87	97	80	167	0,84	269	219	0,82	275	233	452		1086
115	92	100	83	175	0,82	274	223	0,82	283	239	462		1109
112	89	104	86	175	0,82	280	228	0,82	272	230	458		1113
114	91	107	89	180	0,82	292	238	0,82	280	237	475	dauernd 72	1131
113	90	100	83	173	0,81	284	231	0,84	281	238	469		1125
110	88	100	83	171	0,82	281	229	0,81	289	244	473		1131
118	94	106	88	182	0,82	281	229	0,81	295	249	478		1140
110	88	100	83	171	0,82	287	234	0,81	292	247	481		1112
100	80	93	77	157	0,85	270	220	0,82	277	234	454		1083
115	92	108	89	181	0,84	274	223	0,80	286	242	465		1125
111	89	97	80	169	0,83	275	224	0,81	293	248	472		1109
109	87	102	85	172	0,83	273	222	0,83	280	237	459		1105
117	93	103	85	178	0,82	282	230	0,80	289	244	474		1122
105	84	91	75	159	0,84	276	225	0,83	280	237	462		1081
116	93	104	86	179	0,84	276	225	0,81	289	244	469		1137
98	78	85	70	148	0,82	260	212	0,82	261	221	433		1038
94	75	92	76	151	0,84	254	218	0,82	257	217	435		1030
99	79	86	71	150	0,85	254	218	0,82	260	220	438		1053
90	72	87	72	144	0,85	256	207	0,82	256	216	423		1016
90	72	85	70	142	0,86	249	203	0,81	260	220	423		1016
93	74	84	71	145	0,84	250	204	0,82	248	210	414		1008
111	89	100	82	171	0,83	276	226	0,82	279	236	462	72	1105

hitzung, Zweizylindermaschine).

					Kurbelseite		Außenseite		Indizierte Gesamtleistung	Vakuum im Kondensator	Indizierte Gesamtleistung der Maschine
					233	273	221	258	531		1365
					207	242	192	224	466		1242
					252	295	234	273	568		1414
					252	295	229	267	562	dauernd 72	1401
					248	290	230	269	559		1431
					219	256	205	240	496		1318
					226	265	213	249	514		1329

d) Vierter Versuch (mit Überhitzung, Zwei-

Zeit	Minutliche Drehzahl			Dampfdruck im Kessel	Dampftemperatur vor der Maschine	Hochdruckzylinder						
						Kurbelseite			Außenseite			Indizierte Gesamtleistung
	Ablesung am Umdreh.-Zähler	Differenz	n			Füllung	Plani-meterwert	Indizierte Leistung	Füllung	Plani-meterwert	Indizierte Leistung	
				at.	°C	%		PSi	%		PSi	PSi
9⁰⁰				11,5	331		239	414		244	422	836
10	44289	2513	62,8	11,8	346		246	426		251	434	860
20				11,8	354		247	427		250	433	860
30	45546	1257	62,9	12,0	360		250	433		254	439	872
40				11,9	359		259	448		263	455	903
50				11,8	348		247	427		252	436	863
10⁰⁰	47427	1881	62,7	12,0	355		246	426		250	433	859
10				11,9	355		246	426		249	431	857
10²⁰				11,8	346		237	410		243	420	830
30	49313	1886	62,9	12,0	353		253	438		260	450	888
40				11,7	352		239	414		248	429	843
50				12,0	350		235	407		240	415	822
11⁰⁰				12,2	362		241	417		244	422	839
10	51827	2514	62,9	11,8	357		236	408		238	412	820
20				12,0	343		234	405		233	403	808
30				12,0	350		240	415		250	433	848
40				11,6	347		255	441		261	452	893
50				12,0	353		252	436		260	450	886
12⁰⁰	54970	3143	62,9	11,5	346		247	427		256	443	870
10				11,7	340		255	441		263	455	896
20				11,8	355		258	446		265	458	904
30	56844	1874	62,5	11,9	357		260	450		268	464	914
40				12,0	355		241	417		244	422	839
50				11,9	348		241	417		242	419	836
1⁰⁰	58731	1887	62,9	12,1	351		247	427		248	429	856
10				12,0	357		252	436		254	439	875
20				11,4	340		244	422		247	427	849
30				12,1	352		239	414		242	419	833
40	61248	2517	62,9	12,5	370		242	419		239	414	833
50				12,1	365		237	410		236	408	818
2⁰⁰	62509	1261	63,0	11,9	343		242	419		245	424	843
10				12,0	341		246	426		248	429	855
20				12,0	354		248	429		251	434	863
30	64396	1887	62,9	11,9	356		248	429		253	438	867
40				12,0	353		246	426		247	427	853
50				11,9	352		241	417		245	424	841
3⁰⁰	66281	1885	62,8	12,0	351		248	429		250	433	862
10				12,1	358		247	427		250	433	860
20				12,0	355		248	429		255	441	870
30	68172	1891	63,0	12,0	355		239	414		239	414	828
40				12,0	356		245	424		248	429	.853
Mittel		28284	62,9	11,9	351	34	244	423	36	248	429	852

zylindermaschine). Fortsetzung von Seite 108/109.

Mitteldruckzylinder					Niederdruckzylinder							Vakuum im Kondensator	Indizierte Gesamtleistung der Maschine
Kurbelseite		Außenseite			Kurbelseite			Außenseite					
Planimeterwert	Indizierte Leistung	Planimeterwert	Indizierte Leistung	Indizierte Gesamtleistung	Vakuum	Planimeterwert	Indizierte Leistung	Vakuum	Planimeterwert	Indizierte Leistung	Indizierte Gesamtleistung		
PS_i		PS_i	PS_i		at.		PS_i	at.		PS_i	PS_i	cm	PS_i
						259	303		230	269	572		1408
						246	288		224	262	550		1410
						242	283		221	258	541		1401
						242	283		223	261	544		1416
						257	301		242	283	584		1487
						241	282		230	269	551		1414
						235	275		228	266	541		1400
						230	269		229	259	528		1385
						237	277		220	257	534		1364
						252	295		240	280	575		1463
						239	280		224	262	542		1385
						220	258		209	244	502		1324
						219	256		207	242	498		1337
						220	258		212	248	506		1326
						218	255		208	243	498		1306
						229	268		218	255	523		1371
						263	308		253	296	604		1497
						238	279		231	270	549	dauernd 72	1435
						260	304		247	289	593		1463
						275	322		261	305	627		1523
						271	317		257	300	617		1521
						274	321		270	316	637		1551
						231	270		230	269	539		1378
						230	269		231	270	539		1375
						231	270		227	265	535		1391
						240	281		239	279	560		1435
						260	304		260	304	608		1457
						222	260		213	249	509		1342
						206	241		202	236	477		1310
						209	245		203	237	482		1300
						240	281		235	275	556		1399
						241	282		237	277	559		1414
						231	270		229	268	538		1401
						234	274		225	263	536		1403
						230	269		228	266	535		1388
						255	299		247	289	588		1429
						238	279		234	273	552		1414
						227	266		222	259	525		1385
						237	277		235	275	552		1422
						218	255		212	248	503		1331
						226	265		225	263	528		1381
				0,65	238	278	0,65	228	266	544			1396

III. Aufschreibungen

Versuch	I	II	III	IV
Versuchsbeginn · ·	9^{00}	7^{30}	7^{30}	7^{46}
„ schluß · ·	5^{01}	3^{33}	3^{33}	3^{51}
„ dauer Std.	8,017	8,05	8,05	8,08

a) Erster Versuch

Kohle						Rückstände		Dampf							
Zeit	Braunkohle kg	Steinkohle kg	Zeit	Braunkohle kg	Steinkohle kg	Zeit	kg	Zeit	Druck at.	Temp.°C Kessel I	Temp.°C Kessel II	Zeit	Druck at.	Temp.°C Kessel I	Temp.°C Kessel II
8^{30}—9	600	300	12^{40}	150	75	3^{15}	140	9^{00}	12,0	274	340	2^{30}	11,4		
9^{05}	150	75	1^{00}	150	75	5^{15}	110	15	12,1			45	11,9		
15	150	75	10	150	75	6^{30}	330	30	12,2			3^{00}	11,8	250	350
25	150	75	20	150	75			45	11,8	277	346	15	11,6		
35	150	75	30	150	75			10^{00}	11,9			30	11,1		
40	150	75	40	150	75			15	11,9			45	12,0		
10^{00}	150	75	50	150	75			30	11,7	260	340	4^{00}	11,8	271	344
10	150	75	2^{00}	150	75			45	11,3			15	11,6		
20	150	75	10	150	75			11^{00}	12,2			30	11,3		
30	150	75	20	150	75			15	11,9	270	345	45	11,6		
40	150	75	30	150	75			30	12,0			5^{00}	11,0		
50	150	75	40	150	75			45	11,8						
11^{00}	150	75	50	150	75			12^{00}	12,0	280	340				
10	150	75	3^{00}	150	75			15	11,7						
20	150	75	30	150	75			30	12,3						
30	150	75	40	150	75			45	11,7	274	340				
40	150	75	50	150	75			1^{00}	11,8						
50	150	75	4^{00}	150	75			15	12,1						
12^{00}	150	75	10	150	75			30	11,6	245	338				
10	150	75	20	150	75			45	11,6						
20	150	75	40	150	75			2^{00}	12,0						
30	150	75	55	22	—			15	12,2	256	350				
Summe u. Mittel	6922	3450				580							11,8	272	343

b) Zweiter Versuch

Zeit	Braunkohle kg	Steinkohle kg	Zeit	Braunkohle kg	Steinkohle kg	Zeit	kg	Zeit	Druck at.	Temp.°C Kessel I	Temp.°C Kessel II	Zeit	Druck at.	Temp.°C Kessel I	Temp.°C Kessel II
7^{30}	300	150	11^{05}	150	75	2^{30}	136	7^{30}	11,7			1^{30}	12,0		
40	150	75	10	150	75	4^{00}	398	45	11,6	252	306	45	11,8		
50	150	75	20	150	75	4^{30}	103	8^{00}	12,1			2^{00}	11,7	250	340
55	150	75	30	150	75			15	11,8			15	11,8		
8^{00}	150	75	40	150	75			30	12,0			30	11,8		
10	150	75	45	150	75			45	11,9	246	302	45	11,8	242	338
15	150	75	50	150	75			9^{00}	11,9			3^{00}	11,6		
20	150	75	12^{00}	150	75			15	12,0			15	12,0		
30	150	75	10	150	75			30	11,7			30	12,0		
40	150	75	20	150	75			45	11,6	238	300				
50	150	75	30	150	75			10^{00}	10,1						

für die Kesselversuche.

(mit Überhitzung).

Versuch	I	II	III	IV
Wasserstand in d. Gläsern mm	150/124	105/140	77/133	145/145
Wasserstand im Behälter mm	121	118	100	200

Speisewasser			Heizgase vor dem Schieber												Luft-temperatur
Zeit	kg	Temp. °C	Zeit	CO_2	$CO_2 + O$	Temp.°C Kessel I	Kessel II	Zug mm	Zeit	CO_2	$CO_2 + O$	Temp.°C Kessel I	Kessel II	Zug mm	°C
9^{32}	2691	32	9^{05}	7,1	18,6	264	288		1^{10}	8,9	18,6	317	321		
55	2691	32	15	12,0	19,2	264	295		20	7,9	18,9				
10^{32}	2691	31	25	8,7	19,8				30	9,3	18,9	318	325		
11^{01}	2691	31	35	6,0	20,0	275	295		40	8,9	19,0	328	344		
25	2691	31	45	7,1	19,7	276	298		50	7,8	19,3				
59	2691	31	55	8,3	18,7				2^{00}	8,3	18,8	314	335		
12^{20}	2691	33	10^{05}	7,0	19,0	270	336		05	9,1	18,4				
44	2691	30	15	6,5	19,1	270	354		15	7,2	19,1	325	341		
1^{10}	2691	33	30	8,2	18,7	272	341		25	8,1	18,8				
40	2691	31	40	9,7	19,0			~ 20	35	5,3	19,6	324	341	~ 20	dauernd 17
2^{07}	2691	30	50	11,1	18,4	278	355		45	7,2	18,9	320	335		
25	2691	31	11^{05}	8,7	19,8	279	345		55	8,7	18,9				
43	2691	29	15	8,5	20,6	280	325		3^{05}	6,9	19,2	320	342		
3^{14}	2691	33	30	7,1	19,4	281	324		15	9,2	—	320	330		
33	2691	33	40	8,7	20,1				25	8,7	18,8				
4^{03}	2691	31	50	10,4	19,2	282	323		35	7,3	19,0	321	351		
21	2691	33	12^{00}	9,2	18,8	282	305		45	6,2	20,2	322	341		
47	2691	32	15	7,8	19,0	280	329		55	8,7	19,0				
5^{10}	2691	32	25	12,0	19,0				4^{05}	7,9	18,8	319	336		
			35	8,5	19,8	284	319		15	8,9	19,0	318	330		
	51129		50	7,3	18,7	301	324		30	10,4	18,0	319	333		
zu-rück	2316		1^{00}	9,2	17,9	320	335		40	7,0	19,2				
									50	8,1	18,8	320	335		
									5^{00}	6,9	19,7	315	324		
	48813	31,5								8,3	19,0	299	328	20	17

(mit Überhitzung).

Speisewasser			Heizgase vor dem Schieber												Luft-temp.
Zeit	kg	Temp. °C	Zeit	CO_2	$CO_2 + O$	Kessel I	Kessel II	Zug mm	Zeit	CO_2	$CO_2 + O$	Kessel I	Kessel II	Zug mm	°C
7^{45}	2691	30	7^{30}	10,6	19,0	280	282		12^{00}	8,2	19,4	304	336		
8^{11}	2691	28	40	8,4	19,1	321	320		15	7,9	19,8	308	320		
34	2691	32	50	8,0	19,2				35	10,2	19,0	310	317		
9^{07}	2691	34	8^{00}	8,2	19,8	318	319		45	11,4	17,8	318	304		
33	2691	33	15	7,3	19,4	309	310	~ 20	1^{00}	7,2	19,5	311	821	~ 20	dauernd 17
10^{14}	2691	33	20	9,1	18,7				10	8,4	19,0	308	317		
31	2691	36	35	8,0	19,5	308	338		20	6,9	20,1				
50	2691	36	45	7,9	20,0	325	310		30	7,8	19,4	312	320		
11^{10}	2691	36	55	6,6	20,6				40	9,7	19,2	319	326		
38	2691	34	9^{00}	10,7	18,9	312	309		2^{00}	8,9	18,9	330	337		
12^{00}	2691	34	10	8,4	19,5				15	7,8	19,3	321	333		

b) Zweiter Versuch (mit Über-

Kohle						Rück-stände		Dampf							
Zeit	Braun-kohle kg	Stein-kohle kg	Zeit	Braun-kohle kg	Stein-kohle kg	Zeit	kg	Zeit	Druck at.	Temp. °C Kessel I	Kessel II	Zeit	Druck at.	Temp. °C Kessel I	Kessel II
9^{00}	150	75	11^{40}	150	75			10^{15}	11,9						
10	150	75	50	150	75			30	11,5						
20	150	75	1^{00}	150	75			45	11,5	240	305				
30	150	75	10	150	75			11^{00}	11,9						
40	150	75	20	150	75			15	12,0						
50	150	75	30	150	75			30	11,8	260	310				
10^{00}	150	75	40	150	75			45	11,7						
10	150	75	50	150	75			12^{00}	12,0						
20	150	75	2^{00}	150	75			15	11,2	265	312				
30	150	75	10	150	75			30	11,9						
40	150	75	50	150	75			45	11,6						
50	150	75	3^{00}	150	47			1^{00}	11,9	254	334				
11^{00}	150	75						15	11,8						
Summe u. Mittel				7200	3572								11,8	257	308

c) Dritter Versuch

Kohle						Rück-stände		Dampf							
Zeit	Braun-kohle kg	Stein-kohle kg	Zeit	Braun-kohle kg	Stein-kohle kg	Zeit	kg	Zeit	Druck at.	Temp. °C Kessel I	Kessel II	Zeit	Druck at.	Temp. °C Kessel I	Kessel II
7^{30}	300	150	10^{50}	150	75	2^{10}	131	7^{30}	11,6			1^{45}	12,0		
40	150	75	11^{00}	150	75	4^{15}	482	45	11,7			2^{00}	12,0		
45	150	75	10	150	75			8^{00}	11,9			15	11,4		
50	150	75	20	150	75			15	11,5			30	11,8		
55	150	75	30	150	75			30	12,2			45	12,1		
8^{00}	150	75	40	150	75			45	11,7			3^{00}	12,0		
10	150	75	50	150	75			9^{00}	11,8			15	11,6		
15	150	75	12^{00}	150	75			15	11,9			30	11,8		
20	150	75	10	150	75			30	12,0						
25	150	75	20	150	75			45	12,0						
30	150	75	30	150	75			10^{00}	12,0						
40	150	75	40	150	75			15	11,9						
50	150	75	50	150	75			30	12,0						
9^{00}	150	75	1^{00}	150	75			45	11,3						
10	150	75	10	150	75			11^{00}	12,0						
15	150	75	20	150	75			15	11,7						
20	150	75	30	150	75			30	12,2						
30	150	75	40	150	75			45	11,7						
40	150	75	50	150	75			12^{00}	12,2						
50	150	75	2^{00}	150	75			15	11,7						
10^{00}	150	75	20	150	75			30	11,8						
10	150	75	30	150	75			45	11,9						
20	150	75	50	150	75			1^{00}	12,1						
30	150	75	3^{00}	150	75			15	11,4						
40	150	75	10	104	30			30	12,2						
Summe u. Mittel				7604	3780		613		11,9						

hitzung). Fortsetzung von Seite 113/114.

Speisewasser — Heizgase vor dem Schieber — Lufttemperatur °C

Zeit	kg	Temp.°C	Zeit	CO_2	CO_2+O	Temp.°C Kessel I	Temp.°C Kessel II	Zug mm	Zeit	CO_2	CO_2+O	Temp.°C Kessel I	Temp.°C Kessel II	Zug mm	Luft-temperatur °C
12^{36}	2691	28,5	9^{20}	9,3	18,9	304	306		2^{25}	10,3	—				
1^{03}	2691	31	30	7,4	19,1	289	290		35	9,6	19,0	316	332		
2^{3}	2691	32	45	6,9	20,2	275	273		45	8,4	19,2	320	326		
45	2691	31	55	8,7	19,0	317	320	$\sim$20	55	6,2	20,1	290	342	$\sim$20	dauernd 17
2^{18}	2691	32	10^{15}	9,7	19,6	318	310		3^{10}	9,4	19,1	298	307		
53	2691	31	20	6,4	20,1				20	8,7	19,0				
3^{11}	2691	32	30	8,9	19,2	324	327		30	10,7	18,0	312	317		
30	2691	35	45	7,9	18,9	304	306								
51129			11^{00}	10,4	19,1	310	316								
			10	6,9	20,2	316	333								
zu-rück	2302		25	8,4	18,9										
			35	7,9	19,3	308	328								
			45	8,7	19,1	302	330								
	48827	32,5								8,5	19,3	310	318	20	17

(ohne Überhitzung).

Zeit	kg	Temp.°C	Zeit	CO_2	CO_2+O	Temp.°C Kessel I	Temp.°C Kessel II	Zug mm	Zeit	CO_2	CO_2+O	Temp.°C Kessel I	Temp.°C Kessel II	Zug mm	Luft-temperatur °C
7^{42}	2691	29	7^{35}	8,9	19,0	310	336		12^{30}	7,9	—	336	341		
8^{05}	2691	29	45	9,2	18,9	355	355		40	8,3	18,9	341	309		
30	2691	34	55	7,8	19,3	333	352		50	10,7	19,0				
48	2691	35	8^{10}	10,3	19,8	340	356		1^{00}	9,7	—	344	360		
9^{15}	2691	28	20	9,7	19,0				15	8,9	19,0	346	341		
45	2691	36	30	8,4	20,0	340	335		25	9,3	18,7	342	357		
10^{07}	2691	35	40	6,8	19,7	343	357		35	11,2	19,0				
25	2691	36	50	7,3	19,0				45	12,6	18,2	342	349		
46	2691	35	9^{05}	9,0	20,3	338	342		55	9,0	18,9	334	360		
11^{11}	2691	31	15	7,2	19,8	333	337		2^{10}	8,7	19,0	343	369		
32	2691	29	30	9,2	18,9	345	363		15						
12^{09}	2691	32	40	8,4	19,7	343	355	$\sim$20	30					$\sim$20	dauernd 15
32	2691	32	50	10,3	18,9				45						
57	2691	31	10^{00}	11,4	19,0	336	365		3^{00}			345	372		
1^{26}	2691	32	10	7,5	20,0	341	350		15			310	350		
45	2691	28	25	8,3	19,6	339	324								
2^{03}	2691	33	35	9,7	19,0										
25	2691	31	45	7,9	18,9	340	295								
50	2691	35	11^{00}	8,7	19,0	349	346								
3^{15}	2691	35	15	9,8	18,7	350	353								
33	2691	31	30	10,7	18,9	344	358								
56511			40	7,1	19,3	336	357								
zu-rück	2561		50	8,7	19,1										
			12^{00}	9,3	18,7	341	355								
			20	10,4	18,9	324	365								
	53950	32								9,1	19,1	338	354	20	15

d) Vierter Versuch

Kohle						Rück-stände	Dampf					
Zeit	kg	Zeit	kg	Zeit	kg	nicht gewogen	Zeit	Druck at.	Temp. °C	Zeit	Druck at.	Temp. °C
7^{52}	100	10^{04}	100	1^{09}	100		7^{46}	12,1	327	11^{30}	12,4	351
56	100	08	100	15	100		57	11,6	342	40	12,1	334
59	100	41	100	25	100		8^{05}	12,1	360	50	12,7	356
8^{02}	100	44	100	34	100		15	12,8	420	12^{00}	12,2	328
08	100	48	100	37	100		20	12,6	365	10	12,1	348
09	100	52	100	40	100		30	12,3	335	20	12,4	357
12	100	11^{07}	100	2^{00}	100		40	12,6	344	30	12,4	344
16	100	14	100	03	100		50	12,1	316	40	12,5	357
20	100	22	100	05	100		9^{00}	11,8	337	50	12,3	351
23	100	27	100	21	100		10	12,2	352	1^{00}	12,7	374
33	100	31	100	25	100		20	12,2	359	10	12,5	351
37	100	52	100	34	100		30	12,4	360	20	11,9	319
49	100	12^{04}	100	38	100		40	12,4	342	30	12,3	397
53	100	07	100	41	100		50	12,2	340	40	12,9	425
9^{05}	100	10	100	45	100		10^{00}	12,4	352	50	12,6	336
08	100	14	100	3^{05}	100		10	12,4	336	2^{00}	12,3	325
12	100	25	100	08	100		20	12,2	336	10	12,4	342
40	100	31	100	10	100		30	12,5	355	20	12,5	358
44	100	34	100	22	100		40	12,2	340	40	12,5	360
47	100	45	100	37	100		50	12,1	343	3^{00}	12,5	360
51	100	51	100	42	100		11^{00}	12,5	378	20	12,4	353
55	100	58	100	47	45		10	12,2	338	40	12,6	360
10^{01}	100	1^{04}	100				20	12,2	356	51	12,4	343
Summe u. Mittel				6745							12,3	352

(mit Überhitzung).

Speisewasser									Heizgase
Zeit	kg	Temp. °C	Zeit	kg	Temp. °C	Zeit	kg	Temp. °C	nicht untersucht
7^{51}	900	122[1]	11^{12}	900	130	2^{38}	900	135	
57	900		24	900		47	900		
8^{07}	900		33	900	128	55	900	130	
16	900	126	40	900		3^{05}	900		
23	900		56	900	130	12	900	134	
31	900	121	12^{03}	900		22	900		
42	900		15	900	135	29	900		
53	900	128	22	900		39	900		
9^{13}	900		28	900					
22	900	132	34	900	134				
28	900		45	900					
32	900	128	53	900	136				
41	900		1^{01}	900					
51	900	130	12	900	138				
59	900		24	900					
10^{07}	900	128	30	900	130				
17	900		35	900					
27	900	129	42	900	137				
36	900		42	900					
46	900	130	2^{01}	900	134				
52	900		15	900					
59	900	128	24	900	134				
11^{05}	900		32	900					
							48190	131	

---

[1] Hinter dem Rauchgasvorwärmer.

B. Versuchs-

I. Ergebnisse der

Versuchstag 1898
Heizfläche der Versuchskessel . . . . qm
    „   „   Überhitzer . . . . „
Rostfläche „ Versuchskessel . . . . „
Verhältnis der Rostfläche zur Heizfläche . . . .

Dauer der Versuche . . . . Std.
Brennstoff: Versuch I bis III: $2/3$ Böhmische Braunkohle, $1/3$ Ruhr-
        kohle, Versuch IV: Böhmische Braunkohle; verheizt
          im ganzen . . . . kg
          verheizt in der Stunde . . . . „
              „   „ „   „ auf 1 qm Rostfläche . . . . „
Herdrückstände: im ganzen . . . . „
          in Prozenten des verheizten Brennstoffes . . . . . . $0/_0$
          Verbrennliches (Kohlenstoff) in denselben . . . . . „
Speisewasser: verdampft im ganzen . . . . kg
          „   in der Stunde . . . . „
          „   „   „   „ auf 1 qm Heizfläche . . . . „
          Temperatur . . . . ^{0}C
Dampf: Überdruck . . . . at.
      Temperatur hinter den Überhitzern . . . . ^{0}C
      Erzeugungs- + Überhitzungswärme . . . . WE
Heizgase: Kohlensäuregehalt ⎫   . . . . $0/_0$
      Sauerstoffgehalt   ⎬ vor dem Schieber . . . .
      Temperatur   ⎪   . . . . ^{0}C
      Zugstärke   ⎭   . . . . mm
Verbrennungsluft: Temperatur . . . . ^{0}C
Verdampfung: a) 1 kg Brennstoff verdampfte Wasser . . . . kg
         b) desgl. auf Normaldampf bezogen ($\lambda = 639$ WE) . . „
Brennstoffpreis: für 100 kg im Kesselhaus . . . . M.[1]
Dampfpreis: für 1000 kg Dampf nach a) . . . . „
      „ 1000 „   „   b) . . . .
Wärmepreis: für 100000 WE . . . . Pf.[1]

Wärmeverteilung für 1 kg Kohle

Nutzbar gemacht· zur Dampfbildung . . . .
          „ Dampfüberhitzung . . . .

          Insgesamt . . . .
Verloren: a) im Schornstein durch freie Wärme der Rauchgase . . . . . .
         b) in den Herdrückständen durch Unverbranntes . . . .
         c) durch Strahlung, Leitung und unverbrannte Gase . . . . . .

Heizwert des Brennstoffes . . . .

---

[1]) Die Zahlen entsprechen den zur Zeit der Ausführung der Versuche
gültigen Werten.

Ergebnisse.

Kesselversuche.

. . . .	. . . .	. . . .	. . . .	 1912
	$2 \cdot 235 = 470$			300
	$2 \cdot 60 = 120$			70
	$2 \cdot 5,2 = 10,4$			7,0
	$1 : 45$			$1 : 43$
I mit Über- hitzung 8,017	**II** mit Über- hitzung 8,05	**I + II** 16,067	**III** ohne Über- hitzung 8,5	**IV** mit Über- hitzung 8,08
10372	10772	21144	11384	6745
1294	1338	1316	1414	835
124,0	129,0	126,5	136,0	119,3
580	637	1217	613	—
5,6	5,9	5,75	5,38	—
18,6	18,6	18,6	18,8	—
48813	48827	97640	53950	48190
6088	6065	6077	6702	5964
12,95	12,9	12,93	14,26	19,55
31,5	32,5	32	32	131
11,8	11,8	11,8	11,9	12,3
307	283	295	—	352
702	687	695	637	—
8,5	8,8	8,6	9,2	—
10,5	10,3	10,4	9,8	—
314	314	314	346	—
20	20	20	20	—
17	17	17	15	—
4,706	**4,533**	**4,619**	**4,738**	—
1,585	1,585	1,585	1,585	—
3,37	3,50	3,44	3,35	—
29,8	29,4	29,6	29,6	—

WE	%	WE	%	WE	%	WE	%
2998	56,4	2882	53,5	2940	54,9	3017	53,3
306	5,8	231	4,3	269	5,1	—	—
3304	**62,2**	3113	**57,8**	3209	**60,0**	3017	**56,3**
1296	24,4	1233	22,9	1264	23,6	1312	24,5
83	1,5	88	1,6	86	1,6	81	1,5
636	11,9	953	17,8	794	14,8	948	17,7
5319	100,0	5387	100,0	5353	100,0	5358	100,0

II. Ergebnisse der

Versuchstag 1898
Dauer der Versuche. . . . . Std.
Anzahl der Diagramme . . . .
Minutliche Drehzahl . . . .
Dampfdruck: in den Kesseln . . . . at.
            vor der Maschine . . . . „
            Anfangsdruck im Hochdruckzylinder . . . . „
            „   „   Mitteldruckzylinder . . . . „
            „   „ Niederdruckzylinder . . . . „
Dampftemperatur: hinter den Überhitzern . . . . °C
                vor der Maschine . . . . „
Vakuum: im Niederdruckzylinder . . . . at.
    „ Kondensator . . . . cm
    „   „ . . . . at.
Temperatur des Einspritzwassers . . . . °C
    „   „ Ausgußwassers . . . . „
Barometerstand . . . . mm
Füllung: im Hochdruckzylinder . . . . %
    „ Mitteldruckzylinder . . . . „
    „ Niederdruckzylinder . . . . „
Mittlerer Druck: im Hochdruckzylinder . . . . at.
           „ Mitteldruckzylinder . . . . „
           „ Niederdruckzylinder . . . . „
Indizierte Leistung: im Hochdruckzylinder . . . . PS
             „ Mitteldruckzylinder . . . . „
             der linken Maschinenhälfte . . . . „
             im Niederdruckzylinder = rechte Maschinenhälfte „
             indizierte Gesamtleistung . . . . „
Wassermessung: a) Speisewasser . . . . kg
               b) Dampfwasser aus der Leitung . . . . „
               c) Gesamt-Dampfverbrauch der Maschine (a—b) . . „
               d) Dampfverbrauch der Maschine für 1 PS$_i$—Std. . „
               e) Stdl. Dampfwasser aus Hochdruckmantel und
                  -Deckel. . . . . kg u. %
               Stdl. Dampfwasser aus Mitteldruckmantel . „   „   •„
               „   „   „ Niederdruckmantel . „   „   „
               „   „   „ allen Mänteln. . . . . „   „   „
Kohlenverbrauch: im ganzen . . . . kg
             für 1 PS$_i$—Std. . . . . „
Kohlenkosten: für 1 PS$_i$—Std. Pfg.

Maschinenversuche.

I mit Über- hitzung	II mit Über- hitzung	I + II	III ohne Über- hitzung	IV mit Über- hitzung 1912
8,017	8,05	16,067	8,05	8,08
294	294	588	294	192
60,5	61,4	61,0	61,3	62,9
11,8	11,8	11,8	11,9	12,3
—	—	—	—	11,9
11,3	11,5	11,4	11,2	11,9
2,20	2,15	2,18	2,13	—
0,45	0,41	0,43	0,29	1,01
307	283	295	—	—
222	228	225	—	352
0,83	0,85	0,84	0,83	0,65
72,0	72,0	72,0	72,0	—
0,98	0,98	0,98	0,98	—
5,0	5,0	5,0	5,0	—
28,0	28,0	28,0	28,0	—
743	749	746	749	—
34	34	34	32	35
44	44	44	44	—
43	43	43	43	52
4,28	4,16	4,22	4,13	4,53
0,492	0,511	0,497	0,501	—
0,675	0,712	0,694	0,744	0,853
480	475	478	472	852
167	175	171	171	—
647	650	649	643	—
447	441	444	462	544
1094	**1091**	**1093**	**1105**	**1396**
48813	48827	97640	53950	
231,1	237,5	468,6	242,5	} 48190
48581,9	48589,5	97171,4	53707,5	
5,54	**5,53**	**5,535**	**6,02**	**4,27**
188,1 | 3,10	207,8 | 3,46	198,4 | 3,28	217,8 | 3,28	—
122,5 | 2,02	127,1 | 2,10	124,8 | 2,06	132,9 | 2,00	—
158,5 | 2,62	152,4 | 2,53	155,4 | 2,57	252,3 | 3,80	—
469,1 | 7,74	488,2 | 8,09	478,6 | 7,91	603,0 | 9,08	—
10372	10772	21144	11384	6745
1,18	1,22	1,20	1,28	0,60
1,875	1,93	1,91	2,06	1,26

Vierter Teil

Dampfturbinen-Untersuchung.

Gegenstand der Untersuchung einer mit einer Dynamomaschine verbundenen Dampfturbine ist gewöhnlich:

1. Die Ermittlung der elektrischen Leistung in KW,
2. die Ermittlung des stündlichen Dampf- und Wärmeverbrauches für 1 KW.

Häufig lassen sich die Versuche ähnlich wie bei der Kolbenmaschine durchführen. Bei Gleichstrombetrieb wird, wie S. 39 angegeben ist, die **elektrische Leistung** durch Messung von Spannung und Stromstärke festgestellt. Die Leistung einer Wechsel- oder Drehstrommaschine ermittelt man durch Beobachtung eines Wattmeters. Bei genauen Versuchen sind nur geeichte Präzisionsinstrumente oder mit solchen verglichene Instrumente zu verwenden.

Der stündliche **Dampfverbrauch** für 1 KW wird entweder durch Wägung des Speisewassers mit Berücksichtigung aller S. 43 angegebenen Vorsichtsmaßregeln oder (nur bei Oberflächenkondensation) durch Wägung des Turbinenkondensates ermittelt.

In letzterem Falle verwendet man zweckmäßig 2 Wagen mit je einem genügend großen Behälter, in welche abwechselnd durch Schwenkrohr oder Schlauch oder besondere Rohr- und Ventilanordnungen das Wasser geleitet wird. Jeder Behälter und seine Ablaufvorrichtung muß so bemessen sein, daß er in kürzerer Zeit leerläuft, als der andere sich füllt. Statt das Wasser zu wägen, kann man es auch in Behälter laufen lassen, deren Inhalt man bis zu einer bestimmten Marke durch besondere Wägung geeicht hat. Zur Prüfung des Beharrungszustandes und der Gleichmäßigkeit des Versuchsganges empfiehlt es sich, etwa jede Stunde einen **Zwischenabschluß** zu machen; die zugehörigen Zeiten sind dabei auf Sekunden genau abzulesen. Das folgende **Musterbeispiel** zeigt die bei einem vollständigen Versuch erforderlichen Aufschreibungen und die Berechnung der Ergebnisse.

Hauptergebnisse des Versuches.

Versuchstag . . . . 1910 | . . . . . .
Versuchsdauer: 179 Min. 52 Sek. = ... Std. | 2,997
Minutliche Drehzahl . . . . | 3404

Dampf: a) Überdruck vor der Turbine . . . . at. | 11,0
      b) Temperatur vor der Turbine . . . °C | 323
      c) Erzeugungswärme (auf Speise-
         wasser von 0° bezogen) $\lambda = 668{,}1 +$
         $(323 - 186{,}9) \cdot 0{,}542 =$ . . . . . . WE | 741,9

Barometerstand . . . . mm | 705

Vakuum im Ausströmrohr . . . . cm Q-S | 67,5

$$= \frac{67{,}5}{73{,}5} = \quad \ldots \ldots \ldots \quad \text{at.} \quad | \quad 0{,}92$$

$$= \frac{67{,}5}{70{,}5} \cdot 100 = \quad \ldots \ldots \ldots \quad \% \quad | \quad 96$$

Kühlwasser-Temperatur: Zufluß . . . . °C | 4,0
               Abfluß . . . . „ | 13,5

Lageröl: Überdruck . . . . at. | 1,77
       Temperatur . . . . °C | 45

Elektrische Leistung: Gesamtleistung . . . . . KW | 557
               Arbeitsbedarf der Luft-
               und Kühlwasserpumpe „ | 10,2

$$= \frac{10{,}2}{557} \cdot 100 = \quad \ldots \ldots \ldots \quad \% \quad | \quad 1{,}9$$

Kondensat: a) Temperatur . . . . °C | 13,5
        b) Gesamtmenge . . . . kg | 12800

$$\text{c) in der Stunde } \frac{12800}{2{,}997} = \quad \ldots \ldots \quad \text{„} \quad | \quad 4270$$

$$\text{d) in der Stunde für 1 KW} \frac{4270}{557} = \quad \text{„} \quad | \quad \mathbf{7{,}66}$$

Wärmeverbrauch f. 1 KW-Std. $= 7{,}66 \cdot 741{,}9$ WE | 5683

Zu den noch nicht erwähnten Aufschreibungen ist folgendes
zu bemerken:

Die minutliche Drehzahl wird gewöhnlich an dem an der
Turbine vorhandenen Tachometer abgelesen.

Muster-

Leistungs- und Dampfverbrauchs-

Zeit	Minutliche Drehzahl	Dampf- überdruck vor der Turbine	Dampf- temperatur vor der Turbine	Vakuum im Ausströmrohr	Kühl- wasser- temperatur		Kondensat- Temperatur	Lageröl		Elektrische Gesamt- Leistung
					Zu- fluß	Ab- fluß		Druck	Temp.	
	n	at.	°C	cm Q-S	°C	°C	°C	at.	°C	KW
8³⁰	3000	8,1	297	67,4	4,0			1,98	44	543,5
8³⁵		7,2	299							467
8⁴⁰	3000	6,4	301	67,7						438
8⁴⁵		6,8	306							475
8⁵⁰	3005	7,7	314	67,6						546
8⁵⁵		9,4	328							584
9⁰⁰	3000	10,8	337	67,5		13,5	13,5	1,85	45	548
9⁰⁵		11,0	343							586,5
9¹⁰	3000	11,0	344	67,5						594
9¹⁵		11,6	341							540
9²⁰	3005	11,6	339	67,4						570,5
9²⁵		12,7	338							568
9³⁰	3010	12,9	337	67,5	4,0			1,6	45	565,5
9³⁵		12,4	335							584,5
9⁴⁰	3010	11,6	327	67,5						535
9⁴⁵		11,3	320							572
9⁵⁰	3010	12,0	319	67,4						564,5
9⁵⁵		12,8	321							565,5
10⁰⁰	3010	12,4	324	67,5				1,6	46	540,5
10⁰⁵		10,8	326							569,5
10¹⁰	3000	9,8	327	67,5						563
10¹⁵		9,9	327							574,5
10²⁰	3010	11,8	305	67,4						584,5
10²⁵		12,5	306							530
10³⁰	3010	12,5	301	67,5	4,0	13,4	13,5	1,8	46	565
10³⁵		12,4	325							580
10⁴⁰	3000	11,5	324	67,4						575
10⁴⁵		11,5	323							548
10⁵⁰	3000	11,8	328	67,4						569
10⁵⁵		12,1	320							587
11⁰⁰	3000	10,4	317	67,5				1,8	46	547
11⁰⁵		10,7	318							574,5
11¹⁰	3000	11,6	322	67,5						590
11¹⁵		12,8	331							574,5
11²⁰	3000	12,4	339	67,5	4,0	13,5	13,5			582
Summe:										
Mittel:	3004	11,0	323	67,5	4,0	13,5	13,5	1,77	45	557

Beispiel.

Versuch an einer Dampfturbine.

Zeit	Diff.	kg	Kon-densat	Dauer	Mittlere Leistung	Dampf-verbrauch für	Verbrauch der Luft- und Kühl-Wasserpumpe
				Zwischen-Abschlüsse			
Min. u. Sek.			kg	Min. u. Sek.	KW	1 KW-Std.	KW
$8^{29'\,20''}$	—	—					
$8^{43'\,32''}$	$14'\,12''$	900					
$8^{53'\,30''}$	$9'\,58''$	700					
$9^{06'\,00''}$	$12'\,30''$	900					
$9^{15'\,50''}$	$9'\,50''$	700	3200	$46'\,30''$	532,2	**7,75**	
$9^{28'\,35''}$	$12'\,45''$	900					
$9^{38'\,20''}$	$9'\,45''$	700					
$9^{50'\,50''}$	$12'\,30''$	900					
$10^{00'\,20''}$	$9'\,30''$	700	3200	$44'\,30''$	562,5	**7,67**	
$10^{12'\,45''}$	$12'\,25''$	900					
$10^{22'\,30''}$	$9'\,45''$	700					
$10^{35'\,00''}$	$12'\,30''$	900					
$10^{44'\,50''}$	$9'\,30''$	700	3200	$44'\,30''$	565,5	**7,64**	
$10^{57'\,00''}$	$12'\,10''$	900					
$11^{06'\,40''}$	$9'\,40''$	700					
$11^{19'\,18''}$	$12'\,38''$	900					
$11^{29'\,12''}$	$9'\,54''$	700	3200	$44'\,22''$	573,6	**7,55**	
	$179'\,52''$	12 800					
					557	**7,65**	10,2

Häufig wird auch der Arbeitsbedarf der für Wechsel- und Drehstrom notwendigen Erregermaschinen durch Messung der Stromstärke und Spannung festgestellt.

Der Arbeitsbedarf der Luft- und Kühlwasserpumpe, die gewöhnlich durch besondere Elektromotoren angetrieben werden, läßt sich ebenso messen; er wird aber bei Garantieversuchen gewöhnlich nicht von der Gesamtleistung abgezogen, weil häufig diese Pumpen nicht von derselben Firma wie die Turbine bezogen werden und ihre Leistung vielfach von örtlichen Verhältnissen, z. B. Verwendung von Heberleitungen, Strahlkondensatoren usw. abhängt.

Fünfter Teil.

Dieselmaschinen-Untersuchung.

Gegenstand derUntersuchung einerDieselmaschine kann sein:
1. die Ermittlung der indizierten Leistung N_i,
2. die Ermittlung der Nutzleistung N_e,
3. die Ermittlung des indizierten Arbeitsbedarfes der Luftpumpe,
4. die Ermittlung des mechanischen Wirkungsgrades η_m,
5. die Ermittlung des stündlichen Brennstoff- und Wärmeverbrauches für 1 PS_i oder 1 PS_e,
6. die Berechnung der Wärmeausnutzung und der Wärmeverluste.

Erster Abschnitt.

Die Ermittlung der indizierten Leistung.

Diese erfolgt ähnlich wie bei der Dampfmaschine[1]). Aus einer genügenden Anzahl von Indikatordiagrammen wird der mittlere Druck p_m berechnet. Außerdem ist die Messung folgender Größen erforderlich:
a) Zylinderdurchmesser D,
b) Kolbenhub s,
c) minutliche Drehzahl n.

Bei doppeltwirkenden Maschinen tritt noch hinzu:
d) der Durchmesser der Kolbenstange.

Bezeichnet man die wirksame Kolbenfläche mit F, dann ist die indizierte Leistung jedes Zylinders einer einfach-wirkenden Viertaktmaschine

$$N_i = \frac{F \cdot p_m \cdot s \cdot n}{120 \cdot 75} \text{ Pferdestärken.}$$

Bei einer doppeltwirkenden Maschine wird nach dieser Formel die Leistung jeder Zylinderseite für sich berechnet. Bei einer

---

[1]) S. 33.

Zweitaktmaschine beträgt die indizierte Leistung jeder arbeitenden Kolbenseite

$$N_i = \frac{F \cdot p_m \cdot s \cdot n}{60 \cdot 75}\, PS.$$

Bemerkung: Um bei den hohen Drücken keine zu starken Indikatorfedern verwenden zu müssen, setzt man meistens in die Indikatorzylinder besondere Einsatzzylinder und Kolben von kleinerem Durchmesser ein. Der Maßstab der Feder f wird dann wie folgt berechnet:

Der Durchmesser des ursprünglichen Kolbens sei 20 mm, der des Einsatzzylinders 7 mm, und der Federmaßstab 8 mm; dann ist

$$f = 8 \cdot \frac{7^2}{20^2} = 8 \cdot \frac{49}{400} = 0{,}98\ \text{mm}.$$

Die Kolbendurchmesser müssen mit größter Genauigkeit, am besten mit Mikrometerschrauben gemessen werden.

Zweiter Abschnitt.

Die Ermittlung der Nutzleistung.

Genau wie bei der Dampfmaschine[1]).

Dritter Abschnitt.

Die Ermittlung des indizierten Arbeitsbedarfes der Luftpumpe.

Die Luftpumpe ist meistens zweistufig ausgeführt, der Hochdruckkolben als einfachwirkender Tauchkolben, der sich unmittel, bar daranschließende Niederdruckkolben vielfach doppeltwirkend, so daß seine wirksamen Flächen Ringflächen sind. Ist z. B. bei einer stehenden Maschine

d_2 der Durchmesser des Hochdruckkolbens,
d_1 „   „   „ Niederdruckkolbens,
d_u „   „   der Kolbenstange,

---

[1]) S. 36.

dann ist die wirksame Kolbenfläche vom

Hochdruckzylinder:

$$f_2 = \frac{d_2^2\,\pi}{4},$$

Niederdruckzylinder (oben):

$$f_o = \frac{d_1^2\,\pi}{4} - \frac{d_2^2\,\pi}{4},$$

„　　　　(unten):

$$f_u = \frac{d_1^2\,\pi}{4} - \frac{d_u^2\,\pi}{4}.$$

Die gleichzeitige Indizierung beider Zylinder erfordert demnach 3 Indikatoren; der Indikator des Hochdruckzylinders wird wegen des hohen Druckes in gleicher Weise wie der Indikator des Arbeitszylinders mit einem Zylindereinsatz und kleinem Kolben versehen.

Ist s der gemeinsame Hub beider Kolben und sind durch Indizierung und Planimetrierung für jede Kolbenseite die mittleren Drücke p_{m_2}, $p_{m_1 o}$ und $p_{m_1 u}$ festgestellt, dann ist der indizierte Arbeitsbedarf des

Hochdruckzylinders:

$$N_{i_2} = \frac{f_2 \cdot p_{m_2} \cdot s \cdot n}{60 \cdot 75}\ \text{PS},$$

Niederdruckzylinders (oben):

$$N_{i_1 o} = \frac{f_o \cdot p_{m_1 o} \cdot s \cdot n}{60 \cdot 75}\ \text{PS},$$

„　　　　(unten):

$$N_{i_1 u} = \frac{f_u \cdot p_{m_1 u} \cdot s \cdot n}{60 \cdot 75}\ \text{PS}.$$

Demnach beträgt der indizierte Gesamt-Arbeitsbedarf der Luftpumpe

$$N_{lu} = N_{i_2} + N_{i_1 o} + N_{i_1 u}.$$

Vierter Abschnitt.

Die Ermittlung des mechanischen Wirkungsgrades.

Der mechanische Wirkungsgrad soll kennzeichnend für die Güte der Bearbeitung und des Zusammenbaues der bewegten Teile sein. Weil aber der Arbeitsbedarf der Luftpumpe hierauf keinen Einfluß hat, versteht man hier nicht, wie bei der Dampfmaschine unter dem mechanischen Wirkungsgrad den Quotienten

$$\eta_m = \frac{\text{Nutzleistung}}{\text{Indizierte Leistung}} = \frac{N_e[1]}{N_i},$$

sondern den Quotienten

$$\eta_m = \frac{\text{Nutzleistung}}{\text{Indizierte Leistung} - \text{indiz. Luftpumpenarbeit}}$$

oder

$$\eta_m = \frac{N_e}{N_i - N_{lu}}.$$

Wie groß der Unterschied beider Berechnungsweisen werden kann, zeigt folgendes

Beispiel: Es sei an einer zweizylindrigen Maschine festgestellt:

$$N_i = 261 \quad \text{PS}$$
$$N_e = 198 \quad ,,$$
$$N_{lu} = \ \ 13{,}6 \ \ ,, \ .$$

Nach der ersten Formel würde sich ergeben:

$$\eta_m = \frac{N_e}{N_i} = \frac{198}{261} = 0{,}76,$$

während der wirkliche Wert nach der zweiten Formel sein muß:

$$\eta_m = \frac{N_e}{N_i - N_{lu}} = \frac{198}{261 - 13{,}6} = \mathbf{0{,}80}.$$

Der Vergleich mit einer Dampfmaschine würde bei Verwendung der ersten Formel zuungunsten der Dieselmaschine ausfallen.

Fünfter Abschnitt.

Die Ermittlung des stündlichen Brennstoffverbrauches für eine Pferdestärke.

Der Brennstoffverbrauch muß, weil es sich infolge der zulässigen Kürze der Versuchszeit (1 bis $1\frac{1}{2}$ Stunden) um verhältnismäßig kleine Mengen handelt, mit besonderer Genauigkeit durch Wägung festgestellt werden. Man bringt nach Abb. 46 an dem vorhandenen Entnahmebehälter nach Abnahme des Deckels oder an einem besonders für den Versuch bestimmten Behälter mit nicht zu großer Oberfläche eine senkrechte Nadel an und füllt vor Anfang des Versuches den Behälter so auf, daß die untere Nadelspitze etwas eintaucht, nachdem man vorher

---

[1] Streng genommen müßte bei Kondensations-Dampfmaschinen ebenfalls der Arbeitsbedarf der Luftpumpe von N_i abgezogen werden.

den Schwimmerzulauf gut abgeschlossen hat. Der Zeitpunkt, zu welchem der Flüssigkeitsspiegel von der Nadelspitze abreißt, ist der Versuchsbeginn. Nun füllt man regelmäßig genau gewogene Ölmengen nach. Um zu prüfen, ob bei gleichmäßiger Belastung die Maschine in gleichen Zeiten gleichviel Öl verbraucht, ist es zweckmäßig, immer gleiche Ölmengen nachzufüllen und jedesmal mit der Uhr die Zeit festzustellen, wann der Ölspiegel abreißt. Der letzte dieser Zeitpunkte ist der Versuchsschluß.

Sollten die Ölpumpen tropfen, so ist das Tropföl aufzufangen, zu wägen und vom gewogenen Ölverbrauch in Abzug zu bringen.

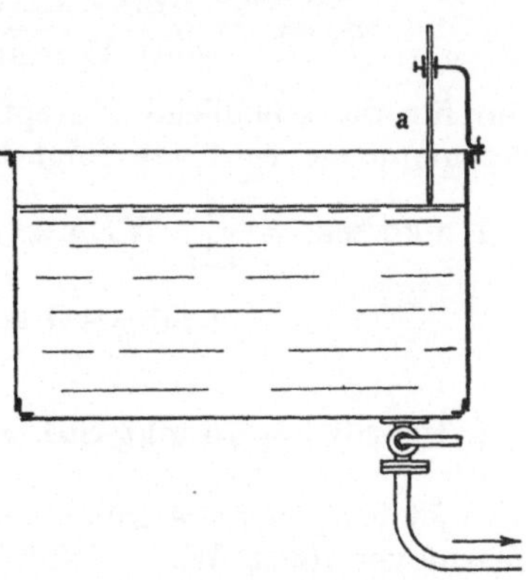

Abb. 46.

Zur Ermittlung des stündlichen Wärmeverbrauches W_i für 1 PS_i oder W_e für 1 PS_e ist die Kenntnis des Brennstoffheizwertes W[1]) erforderlich. Ist B_i bzw. B_e der stündliche Brennstoffverbrauch für 1 PS_i bzw. 1 PS_e, dann ist

$$W_i = B_i \cdot W \quad \text{und}$$
$$W_e = B_e \cdot W.$$

Beispiel: Es sei während einer Versuchsdauer von 67,5 Minuten gemessen: $N_i = 261\ PS_i$, $N_e = 198\ PS_e$, Gesamt-Brennstoffverbrauch 42,0 kg, Heizwert $W = 9810$ WE/kg, dann ist

$$B_i = \frac{42,0}{67,5 \cdot 261} \cdot 60 = 0,143 \text{ kg,}$$

$$B_e = \frac{42,0}{67,5 \cdot 198} \cdot 60 = 0,189 \text{ „}$$

$$W_i = 0,143 \cdot 9810 = 1400 \text{ WE,}$$

$$W_e = 0,189 \cdot 9810 = 1850 \text{ „}$$

Um einen Vergleich mit verschiedenen Brennstoffen auf gemeinsame Grundlage zu bringen, kann man B_e auf einen Heizwert von 10000 WE/kg umrechnen; man erhält dann

$$B_e' = \frac{B_e}{10\,000} \cdot 9810 = 0,185 \text{ kg.}$$

---

[1]) S. Anhang.

Sechster Abschnitt.

Die Berechnung der Wärmeausnutzung und der Wärmeverluste.

Unter **Wärmeausnutzung** oder wirtschaftlichem Wirkungsgrad versteht man das Verhältnis

$$\eta_w = \frac{\text{für 1 PS}_e\text{-Std. theor. notw. Wärmemenge}}{\text{wirkl. Wärmeaufwand für 1 PS}_e\text{-Std.}} .$$

Die für die stündliche Nutzpferdestärke theoretisch notwendige Wärmemenge wird wie folgt berechnet:

$$1 \text{ mkg/sek} = \frac{1}{427} \text{ WE/sek (mechanisches Wärmeäquivalent).}$$

$$1 \text{ mkg-Std.} = \frac{1}{427} \cdot 3600 \text{ WE,}$$

$$\mathbf{1\ PS\text{-}Std.} = 75 \text{ mkg-Std.} = \frac{1}{427} \cdot 3600 \cdot 75 = \mathbf{632\ WE.}$$

Also ist beispielsweise mit einem durch den Versuch festgestellten Wärmeverbrauch $W_e = 1850$ WE/PS$_e$-Std.

$$\eta_w = \frac{632}{W_e} = \frac{632}{1850} = 0{,}342; \text{ d. h.}$$

34,2 % des Heizwertes des Brennstoffes werden in Nutzarbeit verwandelt.

Die **Wärmeverluste** sind folgende:

a) Verlust durch die Eigenreibung der Maschine,

b) Verlust durch Luftpumpenarbeit,

c) Verlust durch die mit dem Kühlwasser abgeführte Wärme,

d) Verlust durch die mit den Abgasen abgeführte Wärme,

e) Restverlust: Strahlung, Leitung, unvollkommene Verbrennung, Summe der Versuchsfehler.

Man berechnet diese Verluste für 1 PS$_e$-Std. und stellt sie mit der nutzbar gemachten Wärme in einer **Wärmebilanz** zusammen (wie bei der Dampfkesseluntersuchung).

a) und b) Den **Reibungs- und Luftpumpenverlust** faßt man gewöhnlich zusammen.

Die Summe dieser Verluste beträgt $N_i - N_e$, also für jede Nutzpferdestärke $\dfrac{N_i - N_e}{N_e}$ PS, oder, da jeder PS 632 WE entsprechen,

$$V_1 = \frac{N_i - N_e}{N_e} \cdot 632 \text{ WE},$$

oder

$$V_{1\%} = \frac{V_1}{W_e} \cdot 100\%.$$

Beispiel: Für $N_i = 261$ PS und $N_e = 198$ PS wird

$$V_1 = \frac{261 - 198}{198} \cdot 632 = \mathbf{201\ WE,}$$

oder in Prozenten von $W_e = 1850$ ausgedrückt.

$$V_{1\%} = \frac{V_1}{W_e} \cdot 100 = \frac{201}{1850} = 10,9\%.$$

c) Beträgt die Kühlwassermenge, die hinter dem Ausfluß-rohr durch Wägung oder Messung mittels eines großen, durch Einfüllen gewogener Wassermengen geeichten Behälters erfolgt, für 1 PS_e-Std. K kg, die Eintrittstemperatur t_1 und die Austrittstemperatur t_2, dann ist die stündlich für 1 PS_e abgeführte Wärmemenge

$$V_2 = K(t_2 - t_1)\text{WE, oder}$$

$$V_{2\%} = \frac{V_2}{W_e} \cdot 100\%.$$

Beispiel: Die in 64 Minuten durchgeflossene Kühlwassermenge be-trage 1860 kg, $N_e = 198$ PS, $t_1 = 9°$ C und $t_2 = 55,5°$ C, dann ist

$$K = \frac{1860}{64 \cdot 198} \cdot 60 = 8,8 \text{ kg},$$

$$V_2 = 8,8(55,5 - 9) = \mathbf{408\ WE},$$

$$V_{2\%} = \frac{408}{1850} \cdot 100 = 22,0\%.$$

d) Zur Feststellung des Abgasverlustes ist erforderlich: die Messung des Kohlenstoff- und Wasserstoffgehaltes des Treiböles, des Kohlensäuregehaltes und der Temperatur der Abgase und der Temperatur der angesaugten Luft. Die Untersuchung der Abgase wird ähnlich wie beim Dampfkessel[1]) durchgeführt. Man setzt in das Auspuffrohr möglichst nahe an der Maschine ein hochgrädiges Thermometer so ein, daß die Quecksilberkugel sich in der Mitte des Gasstromes befindet, ferner ein $^3/_8''$ Gasrohr mit einem Hahn, den man durch einen Gummischlauch mit einem Halse einer dreihalsigen Wulffschen Flasche verbindet. Vom zweiten Halse derselben führt man einen Gummischlauch nach einem Orsat-apparat, mit dem aller 2—3 Minuten eine Kohlensäurebestim-mung vorzunehmen ist. Der Überdruck der Abgase entweicht durch den dritten Hals der Flasche, an dem man zur Luftab-schließung einen dritten Gummischlauch ansetzen und in einen mit Wasser gefüllten Eimer ausmünden lassen kann.

---

[1]) Siehe S. 67.

Muster-

Leistungs- und Verbrauchsversuch an einer stehenden

Hauptmaße:

Arbeitszylinder: Durchmesser $D = 450$ mm $= 45{,}0$ cm

$$\text{Kolbenfläche } F = \frac{D^2\,\pi}{4} = \frac{45^2\,\pi}{4} = 1590 \text{ qcm}$$

$$\text{Kolbenhub} \quad s = 680 \text{ mm} = 0{,}68 \text{ m.}$$

Luftpumpe: Durchmesser des Niederdr.-Kolb. $d_1 = 145$ mm $= 14{,}5$ cm

Kolbenstangen-Durchm. oben $d_0 = d_2 = 60$ mm $= 6{,}0$ cm

,,   ,,   unten $d_u = 38$ mm $= 3{,}8$ cm

$$\text{Kolbenfläche oben } f_0 = \frac{d_1^2\,\pi}{4} - \frac{d_0^{\,2}\,\pi}{4} = 136{,}9 \text{ qcm}$$

$$\text{,, \quad unten } f_u = \frac{d_1^2\,\pi}{4} - \frac{d_u^2\,\pi}{4} = 153{,}8 \text{ qcm}$$

Durchmesser d. Hochdruck-Kolbens $d_2 = 60$ mm $= 6{,}0$ cm

$$\text{Kolbenfläche } f_2 = \frac{d_2^2\,\pi}{4} = \frac{6{,}0^2\,\pi}{4} = 28{,}27 \text{ qcm}$$

Hub beider Kolben $s' = 204$ mm $= 0{,}204$ m.

Brennstoff				Auswertung der Diagramme der Arbeits-Zylinder								Schalttafel-Ablesungen	
				Zylinder I				Zylinder II					
Zeit	kg	Zeit	n	Kompress. Enddruck at.	Planimeter-wert[1]	Mittl. Druck p_m	N_{i_1} PSi	Kompress. Enddruck at.	Planimeter-wert[1]	Mittl. Druck p_m	N_{i_2} PSi	Volt	Amp.
2^{38}	—	2^{40}	—	34,5	100			35,5	103			231	575
$3^{00'}\,30''$	14,00	2^{50}	160,4	35,0	100			35,3	101			229,5	583
3^{23}	14,00	3^{00}	160,0	34,9	103			35,9	103			230,5	568,5
$3^{45}\,30''$	14,00	3^{10}	160,0	35,0	102			36,1	103			228,5	582,5
		3^{20}	160,0	34,7	102			35,8	102			228	583
		3^{30}	160,4	35,0	103			36,2	102			230,5	568
		3^{40}	160,4	35,5	103			36,7	102			229	575
		3^{45}	—	35,9	103			36,2	104			225,5	590
Summe:	42,0		961,2	280,5	816			287,7	820			1832,5	4625,0
Mittelwert			160,2	35,1	102	6,75	130	36,0	102,5	6,80	131	229	578

[1]) Mit Spitzeneinstellung.

Beispiel.

zweizylindrigen einfachwirkenden Dieselmaschine.

Versuchsaufschreibungen:

Indikatormaßstäbe
$f = mm/at.$

		oben	unten
Zyl. I	Nr.	......	—
	$f =$	1,007	—
Zyl. II	Nr.	......	—
	$f =$	1,005	—
Luftp. N. Zyl.	Nr.	......	......
	$f =$	5,00	5,00
H. Zyl.	Nr.	......	—
	$f =$	0,731	—

Versuchstag . . . .
Beobachter . . . .
Brennstoffmessung: Beginn 2³⁸
  Schluß 3⁴⁵′ ³⁰″
  Dauer 67,5 Min.
Kühlwassermessung: Beginn 2³⁹
  Schluß 3⁴³
  Dauer 64 Min.

Auswertung der Diagramme einer Luftpumpe										Kühlwasser Zuflußtemperatur 9° C			
Niederdruck oben			Niederdruck unten			Ni_1	Hochdruck					Abflußtemp. °C	
Pl[1]	pm	$Ni_1 o$	Pl[1]	pm	$Ni_1 u$	PS_i	Pl[1]	pm	$\frac{Ni_2}{PS_i}$	Zeit	kg	Zyl. I	Zyl. II.
123			120				178			2³⁹	—	61	55,5
										2⁴⁴	230	56	57,5
										2⁵²	240	52	52,5
										3⁰¹	230	55	53,5
119			120				176			3¹⁰	230	56	55,5
										3¹⁹	230	54,5	60,0
										3²⁸	240	51,5	60,5
120			121				189			3³⁶	240	55	55
										3⁴³	220	55	55
362			361				543				1860	496,0	505,0
121	1,61	1,6	120	1,60	1,8	3,4	181	16,50	3,4			55	56

Dann wird zunächst der Verlust V_3 für 1 kg Treiböl ebenfalls (jedoch mit Fortlassung des Wassergehaltes W) nach der S. 69 angegebenen Formel berechnet:

$$V_3' = \left(0{,}32 \frac{C}{0{,}536 \cdot k} + 0{,}48 \frac{9\,H}{100}\right)(T - t)\ \text{WE}.$$

Der Verlust V_3' für 1 PS_e-Std. wird dann durch Multiplikation mit dem stündlichen Brennstoffverbrauch B_e für 1 PS_e erhalten, also

$$V_3 = V_3' \cdot B_e \text{WE oder}$$

$$V_{3\%} = \frac{V_3}{W_e} \cdot 100\,\%.$$

Beispiel: Es sei festgestellt:

Kohlenstoffgehalt des Treiböles ... $C\ \ = 85{,}76\,\%$
Wasserstoffgehalt „ „ ... $H\ \ = 11{,}71$ „
Kohlensäuregehalt der Abgase .... $k\ \ = \ \ 8{,}5$ „
Temperatur der Abgase .... $T\ \ = 460^{\circ}\ C$
Lufttemperatur .... $t\ \ = \ \ 20^{\circ}$ „
Brennstoffverbrauch für 1 PS_e-Std. . $B_e = 0{,}189$ kg
Wärmeaufwand für 1 PS_e-Std. ... $W_e = 1850$ WE.

$$V_3' = \left(0{,}32 \frac{85{,}76}{0{,}536\cdot 8{,}5} + 0{,}48 \frac{9\cdot 11{,}71}{100}\right)(460 - 20) = 287{,}5\ \text{WE}$$

$$V_3 = 2875 \cdot 0{,}189 = 544\ \textbf{WE}$$

$$V_{3\%} = \frac{544}{1850} \cdot 100 = \textbf{29,4}\,\%.$$

e) Der Restverlust wird als Unterschied

$$W_e - (\text{ausgenützte Wärme} + (a + b + c + d))$$

berechnet. Wenn alle Beobachtungen genau ausgeführt sind und die Maschine mit vollkommener Verbrennung arbeitet, darf er nur wenig von Null abweichen, manchmal hat er sich infolge zufälliger Summierung kleiner Versuchsfehler auch negativ ergeben. In den meisten Fällen genügt es, die Verluste d und e als Restverlust zusammenzufassen.

Die vollständige Wärmebilanz unseres Beispiels lautet dann:

	WE	%
Nutzbar gemacht	632	34,2
Verloren:		
a) Reibungsverlust $\Big\}\ V_1 =$	201	10,9
b) Luftpumpenarbeit		
c) Kühlwasserverlust $\ \ V_2 =$	408	22,0
d) Abgasverlust $\ \ \ \ \ V_3 =$	544	29,4
e) Restverlust	65	3,5
Wärmeaufwand für 1 PS_e-Std.	1850	100,0

Das **Musterbeispiel** S. 134 zeigt die Zusammenstellung der erforderlichen Versuchsaufschreibungen und ihre Auswertung.

Aus dieser Zahlentafel sind die

Hauptergebnisse des Versuches

wie folgt hervorzuheben bzw. zu berechnen:

Versuchsdauer: a) für den Brennstoffverbrauch . .   Min.   67,5
           b) „   „   Kühlwasserverbrauch .   „   64

Anzahl der Diagramme

    a) Arbeitszylinder . . . .   „   16

    b) Luftpumpenzylinder . . . .   „   9

Minutliche Drehzahl . . . .   „   160,2

Kompressions-Enddruck: a) Zylinder I . . . . . .   at.   35,1
                b)   „   II . . . . . .   „   36,0

Mittlerer Druck p_m: a) Zylinder I . . . . . .   „   6,75
             b)   „   II . . . . . .   „   6,80
             c) Luftpumpe:
                Niederdruck oben . .   „   1,61
                   „   unten . .   „   1,60
                Hochdruck . . . . . .   „   16,50

Indizierte Leistung:

a) Zylinder I:

$$N_{i_1} = \frac{F \cdot p_m \cdot s \cdot n}{120 \cdot 75} = \frac{1590 \cdot 6,75 \cdot 0,68 \cdot 160,2}{120 \cdot 75} = \quad PS_i \quad 130$$

b) Zylinder II:

$$N_{i_2} = \frac{1590 \cdot 6,80 \cdot 0,68 \cdot 160,2}{120 \cdot 75} = \ldots \ldots \ldots \quad „ \quad 131$$

c) Indizierte Gesamtleistung $N_i = N_{i_1} + N_{i_2}$ „   **261**

Indizierter Arbeitsverbrauch der Luftpumpen:

a) Niederdruckzylinder:

$$N_{i_1o} = \frac{f_o \cdot p_m \cdot s \cdot n}{60 \cdot 75} = \frac{136,9 \cdot 1,61 \cdot 0,204 \cdot 160,2}{60 \cdot 75} = \quad PS_i \quad 1,6$$

$$N_{i_1u} = \frac{153,8 \cdot 1,60 \cdot 0,204 \cdot 160,2}{60 \cdot 75} = \ldots \ldots \quad „ \quad 1,8$$

$$N_{i_2} = N_{i_1o} + N_{i_1u} = 1,6 + 1,8 = \ldots \ldots \ldots \quad „ \quad 3,4$$

b) Hochdruckzylinder:

$$N_{i_2} = \frac{28{,}27 \cdot 16{,}5 \cdot 0{,}204 \cdot 160{,}2}{60 \cdot 75} = \quad PS_i \qquad 3{,}4$$

c) Für eine Luftpumpe $N_{lu} = N_{i_1} + N_{i_2} =$
$$= 3{,}4 + 3{,}4 = \qquad \text{''} \qquad 6{,}8$$

d) Für beide Luftpumpen: $2 \cdot N_{lu} = 2 \cdot 6{,}8 = \qquad \text{''} \qquad \mathbf{13{,}6}$

Elektrische Leistung: Spannung . . . . . Volt 229
$$\text{Stromstärke . . . . Amp. 578}$$

$$\text{Leistung} \begin{cases} \qquad 229 \cdot 578 = \text{Watt } 132\,400 \\ N_{el} = \dfrac{132\,400}{736} = PS_{el} \qquad \mathbf{180} \end{cases}$$

Nutzleistung der Dieselmaschine, wenn der Wirkungsgrad der Dynamo zu $\eta_d = 0{,}91$ angenommen wird:

$$N_e = \frac{N_{el}}{\eta_d} = \frac{180}{0{,}91} = \quad PS_e \qquad \mathbf{198}$$

Mechanischer Wirkungsgrad:

$$\eta_m = \frac{N_e}{N_i - N_{lu}} = \frac{198}{261 - 13{,}6} = \qquad \mathbf{0{,}80}$$

Brennstoff: Paraffinöl, Heizwert für 1 kg   WE   9810

Verbrauch a) im ganzen . . . .   kg   42,0

$\qquad$ b) in der Stunde $\dfrac{42{,}0}{67{,}5} \cdot 60 = \qquad$ '' $\qquad$ 37,3

$\qquad$ c) '' '' '' für 1 PS_i $\dfrac{37{,}3}{261} = \qquad$ '' $\qquad$ 0,143

$\qquad$ d) '' '' '' '' 1 PS_e $\dfrac{37{,}3}{198} = \qquad$ '' $\qquad$ **0,189**

$\qquad$ e) '' '' '' '' 1 PS_e,

umgerechnet auf Brennstoff von 10000 WE

$$\frac{0{,}189 \cdot 9810}{10\,000} = \text{. . . . . . .} \qquad \text{''} \qquad \mathbf{0{,}185}$$

Kosten: a) für 100 kg beispielsweise . . . . .   M.   10.—

$\qquad$ b) für 1 PS_e-St. $\dfrac{0{,}189}{100} \cdot 10 \cdot 100 = \qquad$ Pf. $\qquad$ 1,87

Kühlwasser:

a) im ganzen . . . . kg 1860

b) in der Stunde $\dfrac{1860}{64} \cdot 60 =$ . . . . „ 1740

c) „ „ „ für 1 PS$_i$ $\dfrac{1740}{261} =$ . . . . „ 6,7

d) „ „ „ „ 1 PS$_e$ $\dfrac{1740}{198} =$ . . . . „ 8,8

Temperatur: a) Zufluß . . . . °C 9

b) Abfluß . . . . „ 55,5

Wärmeaufwand in der Stunde

a) für 1 PS$_i$: W$_i$ = 0,143 · 9810 = ... WE 1400

b) „ 1 PS$_e$: W$_e$ = 0,189 · 9810 = ... „ **1850**

Wärmeverteilung für 1 PS$_e$-Std.	WE	%
Nutzbar gemacht	632	**34,2**
Verloren: a) durch Reibung und Luftpumpenarbeit $\dfrac{N_i - N_e}{N_e} \cdot 632 =$	201	10,9
d) durch die Abwärme des Kühlwassers 8,8 (55,5 — 9) = ...	408	22,0
c) in den Abgasen und Restverlust . . .	609	32,9
Wärmeaufwand für 1 PS$_e$-Std. = ...	1850	100,0

Anhang.

Bestimmung des Heizwertes flüssiger Brennstoffe.

Diese Bestimmung sei hier an Hand des Junkersschen Kalorimeters[1]) beschrieben. Die in Abb. 47 schematisch dargestellte Einrichtung besteht aus der Brennstoffwage mit Zeiger a und Skala b, dem Brennstoffbehälter c mit dem Manometer d und dem Brenner e, dem eigentlichen Kalorimeter, dem das Kühlwasser bei t_1 zu- und bei t_2 abläuft, den beiden zugehörigen, mit Lupen ablesbaren Thermometern, dem Meßzylinder f für das

---

[1]) Junkers & Co., Dessau.

aus dem Wasserdampf der Verbrennungsgase niedergeschlagene Kondenswasser, der Kühlwasserwage und einem daraufstehenden Auffangbehälter g. Innerhalb des Wasserraumes befinden sich zur Erzielung einer genügend großen Heizfläche senkrechte Röhrchen, die in der Abb. weggelassen sind. Die Handhabung der Einrichtung und die Durchführung einer Messung ist folgende: Man schraubt den Brennstoffbehälter auf, nimmt das Manometer ab und gießt etwa 150—200 ccm des zu untersuchenden Brennstoffes in den Behälter. Dann setzt man das Manometer wieder an und verschraubt unter Zwischenlage von Dichtungen den Behälter wieder. Hierauf stülpt man das Kalorimeter so über den Brenner, daß der letztere genau in der Mitte des Kalori-

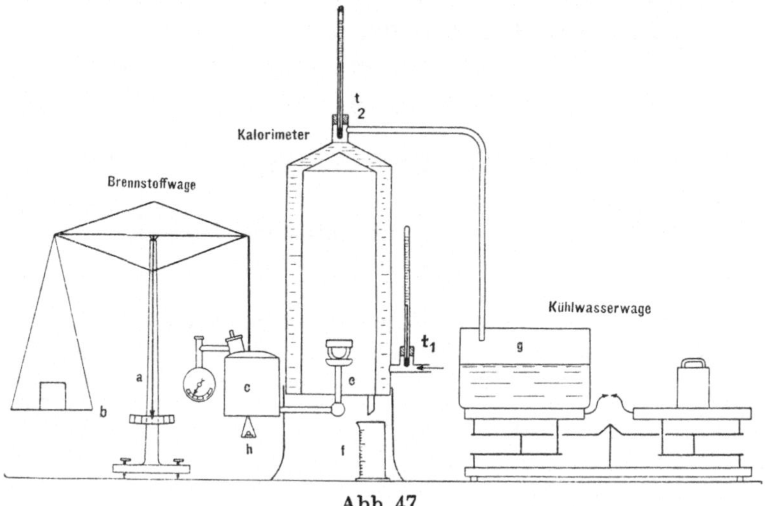

Abb. 47.

meters hängt, und bringt die Wage durch Gewichte auf der linken Seite ins Gleichgewicht; nun muß der Brenner, ohne anzustoßen, mit der Wage auf und ab schwingen. Jetzt wird der Brenner von der Wage abgehängt, das unter dem Brennerkopf befindliche Schälchen mit Spiritus (nicht Benzin) gefüllt und entzündet. Wenn der Spiritus fast verbrannt und dadurch der Brennerkopf stark erhitzt ist, drückt man mit einer kleinen Fahrradpumpe durch den Verschluß des Brennstoffbehälters Luft ein, wodurch der Brennstoff in den Brenner aufsteigt, im Brennerkopf vergast wird und durch eine sehr feine Düse gegen den heißen Brennerkopf ausströmt. Das ausströmende Gas entzündet sich an der Spiritusflamme und erhält den Brennerkopf glühend, auch wenn der Spiritus ausgebrannt ist. Wenn kein Gas ausströmt, dann ist die Düse verstopft und muß mit der jedem Apparat beigegebenen Reinigungsnadel durchstoßen werden.

Der am Manometer zu messende Luftdruck soll etwa 150 bis 200 mm Quecksilbersäule betragen; sinkt der Druck während des Versuches, dann muß nachgepumpt werden. Nun wird das Kalorimeter durch einen Gummischlauch mit der Wasserleitung verbunden, und erst, wenn das Wasser bei t_2 abzulaufen beginnt, darf der Brenner wieder unter das Kalorimeter gebracht und an die Wage gehängt werden. Nun begrenzt man mit dem bei t_1 befindlichen Hahn die durchlaufende Wassermenge so, daß der Temperaturunterschied $t_2 - t_1$ etwa 20° C beträgt. Wenn der Beharrungszustand eingetreten ist, kann der Versuch beginnen. Man richtet nun durch Auflegen eines kleinen Gewichtes auf die unter dem Brennstoffbehälter einzuhängende Schale h oder durch Abnehmen von Gewichten von der linken Wagschale die Wage so ein, daß der Brennstoffbehälter mit einigen Gramm das Übergewicht erhält. Unterdessen tariert man den Kühlwasserbehälter auf seiner Wage aus und läßt das bei f abtropfende Kondenswasser in ein nicht zum eigentlichen Versuch zu benutzendes Gefäß fließen.

Der Versuch beginnt, sobald der Zeiger der Wage, die durch das allmähliche Aufzehren von Brennstoff wieder ins Gleichgewicht kommt, durch den Nullpunkt der Skala hindurchgeht. Genau von diesem Augenblick ab fängt man das Kühlwasser durch Hereinschwenken eines bei t_2 angeschlossenen Schlauches auf, schiebt den Meßzylinder f unter und beginnt mit den Temperaturablesungen bei t_1 und t_2, die regelmäßig alle Minuten wiederholt werden. Nun gibt man dem Brennstoffbehälter durch Auflegen von B = 10, 15 oder 20 g das Übergewicht. Der Versuch ist beendigt, wenn die diesem Übergewicht entsprechende Brennstoffmenge verbrannt ist und der Zeiger der Wage wieder durch den Nullpunkt der Skala hindurchgeht. In diesem Augenblick entfernt man den Schlauch aus dem Kühlwassergefäß und den Meßzylinder f; dann wird das Kühlwassergewicht W kg und die Kondenswassermenge w ccm festgestellt.

Der obere Heizwert ist die von 1 kg Brennstoff an das Kühlwasser abgegebene Wärmemenge

$$H_0 = \frac{W\,(t_2 - t_1)}{B} \cdot 1000 \ \text{WE.}$$

Den unteren Heizwert erhält man durch Subtraktion des auf 1 kg Brennstoff bezogenen Wärmeinhalts des Kondenswassers, den man für jedes kg Wasser genügend genau zu 600 WE annehmen kann. Die aufgefangene Kondenswassermenge betrage w ccm.

Also

$$H_u = H_o - \frac{600 \cdot w}{B} \, WE.$$

Die bei einem solchen Kalorimeterversuch erforderlichen Aufschreibungen und Ausrechnungen zeigt folgendes Beispiel:

Brennstoff	Kühlwasser	Kondens-wasser	Kühlwassertemperatur	
B g	W kg	w ccm	t_1	t_2
			16,25	40,20
			16,10	40,82
			15,95	41,85
			15,80	41,70
			15,70	41,20
			15,60	41,93
			15,49	41,78
			15,40	41,50
10,0	4,177	11,0	15,80	41,37

$$\text{Oberer Heizwert } H_o = \frac{4{,}177\,(41{,}37 - 15{,}80)}{10{,}0} \cdot 1000 = 10680 \; WE$$

$$\text{Unterer Heizwert } H_u = 10680 - \frac{600 \cdot 11}{10{,}0} = 10020 \; WE.$$

Der Brenner wird durch Öffnen der über dem Manometer befindlichen Verschlußschraube abgestellt. Nach dem Gebrauch ist der Brennstoffbehälter gut mit Benzin zu reinigen. Vor einer neuen Untersuchung ist er mit einigen ccm des zu untersuchenden Brennstoffes auszuspülen. Benzin darf nicht in der Nähe offener Flammen eingefüllt werden.

Sechster Teil

Gasmaschinen-Untersuchung.

Gegenstand der Untersuchung einer Gasmaschine kann sein:

1. Die Ermittlung der indizierten Leistung N_i.
2. Die Ermittlung der Nutzleistung N_e.
3. Bei Zweitaktmaschinen die Ermittlung des Arbeitsbedarfes der Luft- und der Gaspumpe.
4. Die Ermittlung des mechanischen Wirkungsgrades η_m.
5. Die Ermittlung des stündlichen Gas- und Wärmeverbrauches für 1 PS_i oder 1 PS_e.
6. Die Berechnung der Wärmeausnutzung und der Wärmeverluste.
7. Wenn ein Abhitzekessel vorhanden ist, die Ermittlung der in diesem nutzbar gemachten Abwärme.

Die unter 1. bis 4. genannten Arbeiten erfolgen wie bei der Dampf- und Dieselmaschine. Bei Hochofengebläsemaschinen kann die Nutzleistung durch Indizieren der Windzylinder festgestellt werden.

Erster Abschnitt.

Die Ermittlung des stündlichen Gas- und Wärmeverbrauches für eine Pferdestärke.

Die hierzu notwendigen Messungen erstrecken sich auf
    a) die Gasmenge,
    b) die Gaszusammensetzung,
    c) den Gasheizwert.

a) Messung der Gasmenge.

Bei kleineren Maschinen schaltet man in die Gasleitung einen Gasmesser ein, den man vorher mittels eines Gefäßes von bekanntem Inhalt mit Luft eichen kann. Bei Versuchen an größeren Maschinen füllt man eine große Gasometerglocke, deren Inhalt für die ganze Versuchsdauer ausreichen muß, mit Gas und ermittelt den Gasverbrauch dadurch, daß man an einer Skala mit Zeiger die Senkung der Glocke während des Versuches feststellt. Das Produkt aus der gemessenen Senkung der Glocke in m und dem mittleren Querschnitt der Glocke in qm ist der Gasverbrauch in cbm. Zur Vermeidung einer ungleichmäßigen Temperaturverteilung im Innern der Glocke darf letztere während des Versuches nicht von der Sonne bestrahlt oder starkem Wind ausgesetzt sein. Druck und Temperatur des Gases in der Glocke werden regelmäßig gemessen und der ermittelte Gasverbrauch für die PS- oder KW-Std. wird auf 0° und 760 mm umgerechnet. Da nur wenige Werke derartig große Gasbehälter besitzen[1]), werden solche Versuche selten ausgeführt, und man mißt die Gasmenge mit

1. dem Staurohr (nach Prandtl oder Brabbée),
2. der Düse,
3. dem Staurand,
4. dem Venturirohr.

1. Das **Staurohr** (Abb. 48) mißt in Verbindung mit einem Differential-Manometer den dynamischen Druck $p = h \cdot \gamma$ in mm Wassersäule und gestattet aus der Gleichung:

$$w = \sqrt{2gh} = \sqrt{2g\frac{p}{\gamma}}$$

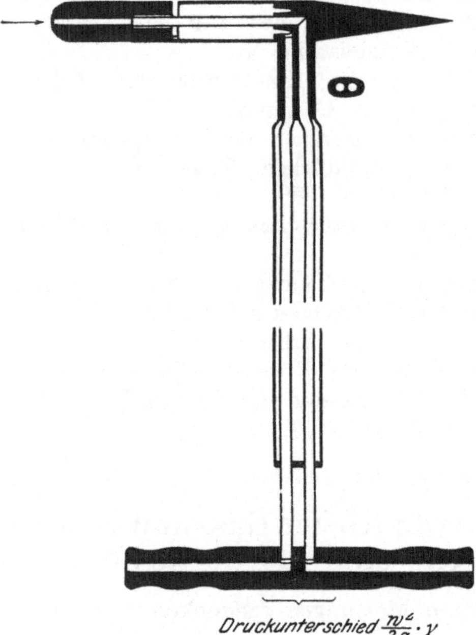

Abb. 48.

die Geschwindigkeit w des Gases in der Leitung zu berechnen, wenn γ das spezifische Gewicht des Gases in kg/cbm bedeutet. Da die Gasgeschwindigkeit in der Rohrmitte am größten ist und gegen die Wandung hin etwas abnimmt, tastet man die Geschwindigkeit auf einer Anzahl von Punkten desselben Rohrquerschnittes ab, am besten auf zwei zueinander senkrechten Durchmessern, und ermittelt

---

[1]) Siehe Zeitschrift „Glückauf" 1919 S. 1—56: Bericht über das Gasraftwerk der Zeche Bergmannsglück in Buer.

hieraus die mittlere Geschwindigkeit w_m.   Diese Messungen müssen sehr rasch hintereinander ausgeführt werden, weil durch Änderung der durchströmenden Gasmenge Fehler entstehen.

Das sekundliche Gasvolumen beträgt dann

$$V = F \cdot w_m \text{ cbm.}$$

Zur Umrechnung dieses Volumens auf $0°$ und 760 mm Q-S ist noch die Temperatur t und der Druck des Gases zu messen. Letzterer betrage q' mm W-S Über- oder Unterdruck gegenüber dem Barometerstande B mm Q-S; dies gibt, in mm Q-S umgerechnet, einen Druckunterschied von $\pm \dfrac{q'}{13,6}$ (mit 13,6 kg/cdm spez. Gewicht des Quecksilbers), also einen absoluten Druck von $q = B \pm \dfrac{q'}{13,6}$.   Das auf $0°$ und 760 mm Q-S umgerechnete sekundliche Gasvolumen ist dann nach dem vereinigten Gay-Lussac-Mariotteschen Gesetz:

$$V_0 = V \frac{273}{273 + t} \cdot \frac{q}{760}.$$

Beispiel: Lichter Rohrdurchmesser $D = 600$ mm
        Barometerstand $B = 752$ mm Q-S
        Gasüberdruck $q' = 50$ mm W-S
        Gastemperatur $t = 20°$
        Spezifisches Gasgewicht $\gamma = 1,29$ kg/cbm (aus der Gaszusammensetzung, der Temperatur und dem Druck berechnet).

Eine Messung von p ergab $p = 12$ mm W-S.
Hieraus

$$w = \sqrt{2g\frac{p}{\gamma}} = \sqrt{2 \cdot 9{,}81 \frac{12}{1{,}29}} = 13{,}55 \text{ m/sek.}$$

Durch Abtasten habe sich ergeben:

$$w_m = 13{,}00 \text{ m/sek.}$$

Sekundliches Gasvolumen $V = \dfrac{D^2 \pi}{4} \cdot w_m = \dfrac{0{,}6^2 \pi}{4} \cdot 13{,}0 = 3{,}68$ cbm.

Sekundliches Gasgewicht $G = V \cdot \gamma = 3{,}68 \cdot 1{,}29 = 4{,}75$ kg.

Auf $0°$ und 760 mm Q-S umgerechnet mit

$$q = B + \frac{q'}{13{,}6} = 752 + \frac{50}{13{,}6} = 756 \text{ mm Q-S,}$$

$$V_0 = V \frac{273}{273 + t} \cdot \frac{q}{760} = 3{,}68 \frac{273}{273 + 20} \cdot \frac{756}{760} = \mathbf{3{,}42} \text{ cbm.}$$

Bei längeren Versuchen setzt man das Staurohr an die Stelle des Querschnittes, an der man beim Abtasten die Geschwindigkeit übereinstimmend mit der mittleren Geschwindigkeit gefunden hat.

In ähnlicher Weise kann man auch mittels eines Schalenkreuz-Anemometers messen.

Letzteres Meßgerät sowie das Staurohr eignen sich nur für gut gereinigtes Gas und für Luft, da sie leicht verschmutzen, haben jedoch den Vorzug, daß sie einen sehr geringen Druckverlust in der Gasleitung ergeben.

Für die unter 2 bis 4 genannten Meßgeräte[1]) gilt allgemein die Beziehung

$$V = f_0 k \sqrt{2g \frac{p}{\gamma}} \text{ cbm} \quad \text{oder}$$

$$= f_0 k \sqrt{2 g p \gamma} \text{ kg}.$$

In dieser bedeutet f_0 den Querschnitt an der engsten Stelle in qm, k einen Beiwert, der von dem Verhältnis $m = \dfrac{f_0}{F}$ des engsten Querschnittes des Gerätes zum Rohrquerschnitt und der Art des Gerätes abhängt und p den gemessenen Druckunterschied in mm W-S. Beim Durchgang des Gases durch die engste Stelle tritt eine mehr oder weniger große Einschnürung des Strahles ein. Wird die Strahlgeschwindigkeit in der engsten Stelle der Einschnürung mit w bezeichnet, so herrscht in der engsten Stelle des Meßgerätes die kleinere Geschwindigkeit μ w, der Beiwert μ ist eine Zahl $\leqq 1$, die man Kontraktionszahl nennt und die von dem oben erwähnten Verhältnis m und der Art des Gerätes abhängt und deren Werte, soweit sie sich auf den Staurand beziehen, aus folgender Zahlentafel[2]) zu entnehmen sind:

Die Kontraktionszahl μ.

$m = \dfrac{f_0}{F}$	$\sqrt{m} = \dfrac{d}{D}$	μ für Wasser	μ für Luft
0,0	0,0	0,615	0,635
0,1	0,316	0,620	0,637
0,2	0,447	0,635	0,642
0,3	0,548	0,650	0,653
0,4	0,632	0,665	0,668
0,5	0,707	0,690	0,689
0,6	0,774	0,735	0,717
0,7	0,836	0,785	0,756
0,8	0,894	0,855	0,808
0,9	0,948	0,925	0,883
1,0	1,000	1,000	1,000

[1]) Ausführliches über ihre Theorie s. Mitteilung Nr. 40 der „Wärmestelle" Düsseldorf, sowie Seufert, Verbrennungslehre und Feuerungstechnik, 2. Aufl., 1923. Berlin: Julius Springer.

[2]) S. auch A. O. Müller, Forschungsheft 49 (Verein deutsch. Ingenieure).

2. Für die **Düse** (Abb. 49) gilt, wenn sie als Normaldüse[1]) mit $\sqrt{m} = 0{,}4$ ausgeführt wird, in der Gleichung

$$V = f_0\,k\sqrt{2g\frac{p}{\gamma}}\quad \text{die Beziehung:}$$

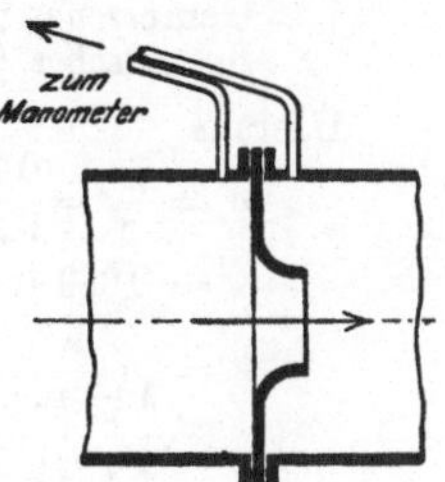

a) $k = \dfrac{1}{\sqrt{1 - m^2}}$, wenn die Messung

des Druckunterschiedes p unmittelbar am
Flansch erfolgt (Abb. 49);

b) $k = \dfrac{1}{1 - m}$, wenn für den gemes-

senen Druckunterschied $p = p_1 - p_2$ die Meß-   Abb. 49.
stelle für p_1 etwa um den doppelten Rohrdurchmesser vor dem Meßflansch und die Meßstelle für p_2 etwa um den
8 fachen Rohrdurchmesser hinter dem Meßflansch liegt[2]). Ferner ist

f_0 der lichte Querschnitt der Düse und $\mu = 1$.

Die Normaldüse gibt verhältnismäßig großen Druckabfall; zur
Vermeidung dieses Umstandes kann man auch Düsen mit
größerem Öffnungsverhältnis m verwenden.   Der Einbau ist teuer
und umständlich, die Zuverlässigkeit des Ergebnisses ist ziemlich
gut, die Empfindlichkeit gegen Staubablagerung gering.

3. Der **Staurand** wird nach Abb. 50 ausgeführt und nach
Abb. 51 eingebaut.   In den Gleichungen

$$V = f_0\,k\sqrt{2g\frac{p}{\gamma}}\ \text{cbm}\qquad \text{oder}$$

$$= f_0\,k\sqrt{2g\,p\,\gamma}\ \text{kg}\qquad \text{ist}$$

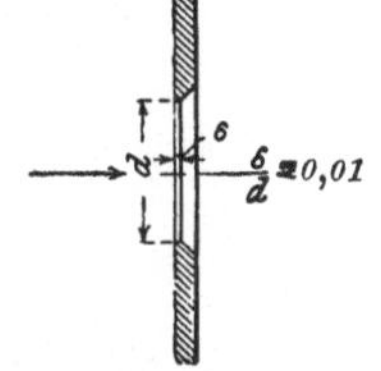

a) $k = \dfrac{\mu}{\sqrt{1 - m^2\mu^2}}$,

wenn die Messung des Druckunterschiedes p un-   Abb. 50.
mittelbar vor und hinter dem Staurand erfolgt
(ähnlich wie bei Abb. 49),

b) $k = \dfrac{\mu}{1 - m\mu}$,

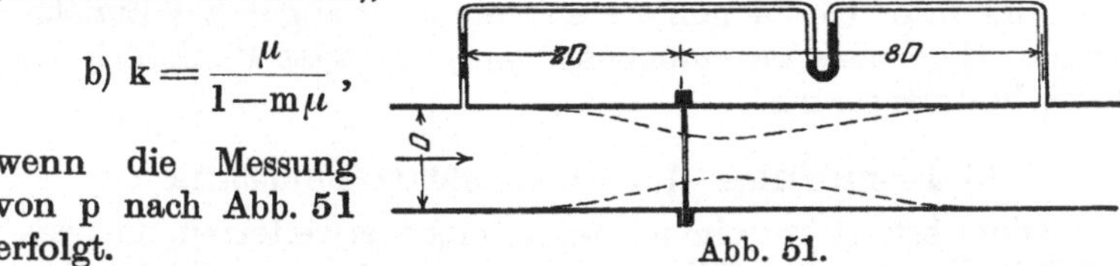

wenn die Messung
von p nach Abb. 51
erfolgt.   Abb. 51.

---

[1]) S. Regeln für Leistungsversuche an Ventilatoren und Kompres-
soren 1912 (Verein Deutscher Ingenieure) S. 45.
[2]) S. auch Abb. 51.

Beispiel:

Lichter Rohrdurchmesser $D = 600$ mm ($F = 0{,}283$ qm)
Innerer $\oplus$ des Staurandes $d = 420$ „   ($f_0 = 0{,}138$ „)
Gemessener Druckunterschied $p = 15$ „   WS (nach Abb. 51).
Spezifisches Gasgewicht $\gamma = 1{,}29$ kg/cbm.

Hieraus

$$m = \frac{f_0}{F} = \frac{0{,}138}{0{,}283} = 0{,}49,$$

$\mu = 0{,}689$ (nach Zahlentafel S. 146),

$$k = \frac{\mu}{1 - m\,\mu} = \frac{0{,}689}{1 - 0{,}49 \cdot 0{,}689} = 1{,}04,$$

$$V = f_0 k \sqrt{2g\frac{p}{\gamma}} = 0{,}138 \cdot 1{,}04 \sqrt{2 \cdot 9{,}81 \cdot \frac{15}{1{,}29}} = 2{,}16 \text{ cbm/sek},$$

$$= f_0 k \sqrt{2g p \gamma} = 0{,}138 \cdot 1{,}04 \sqrt{2 \cdot 9{,}81 \cdot 15 \cdot 1{,}29} = 2{,}80 \text{ kg/sek}.$$

Der Einbau ist verhältnismäßig billig und leicht, die Zuverlässigkeit des Ergebnisses ziemlich gut, die Empfindlichkeit gegen Staubablagerung mäßig.

4. Das **Venturirohr** (Abb. 52) ist ein langes Doppelkegel-Rohr. Die eine Meßstelle befindet sich am Eintrittsflansch, die zweite Meßstelle am engsten Querschnitt. Der Anschluß der Meßrohre erfolgt an ringsumlaufenden Wulsten, die mit den Meßstellen durch Lochkränze verbunden sind. In der Gleichung

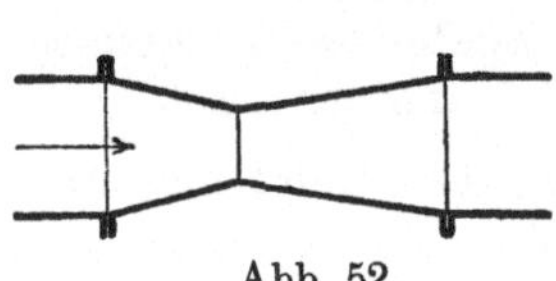

Abb. 52.

$$V = f_0 k \sqrt{2g\frac{p}{\gamma}}$$

ist

$$k = \frac{C}{\sqrt{1 - m^2}},$$

worin C eine durch Eichversuche zu bestimmende Konstante ist[1]).

Der Einbau ist sehr teuer und umständlich, die Zuverlässigkeit des Ergebnisses gut, die Empfindlichkeit gegen Staub sehr gering.

Alle unter 1 bis 4 genannten Geräte verlangen zur Erzielung genauer Ergebnisse ein möglichst langes gerades Rohrstück ohne Querschnittsänderung.

b) Ermittlung der Gaszusammensetzung[2]).

Diese erfolgt am einfachsten in einem erweiterten, mit einer mit Palladiumasbest gefüllten Verbrennungsröhre versehenen Orsat-

---

[1]) angenähert: $C = 1$.
[2]) Näheres s. Mitteilung Nr. 61 u. 62 der „Wärmestelle" Düsseldorf.

apparat oder in einem dazu besonders gebauten Apparat[1]). Die
Bestimmung erstreckt sich auf

CO_2 (Absorption mittels Kalilauge)
CnHm(„   „   rauchender Schwefelsäure)
O_2 („   „   Pyrogallol oder Phosphor)
$\left.\begin{array}{l} CO \\ H_2 \\ CH_4 \end{array}\right\}$ (gemeinsame Verbrennung)
N_2 (als Rest).

Die Sperrflüssigkeit in der Niveauflasche und im Sperrgefäß
für die Verbrennung muß gesättigte Kochsalzlösung sein.
Nach der Absorption der schweren Kohlenwasserstoffe ist der
Gasrest zur Entfernung der Schwefelsäuredämpfe nochmals in die
Kalilauge überzuführen. Sind CO_2, CnHm und O_2 absorbiert,
dann treibt man einen Teil des Gasrestes G_1 ins Freie und be-
hält etwa $G_2 = 30$ bis 50 ccm übrig (die kleinere Zahl gilt für
reiche Gase, die größere für arme) und saugt dann soviel Luft
nach, daß in der Bürette wieder genau 100 ccm vorhanden sind.
Der O_2-Gehalt der nachgesaugten Luft wird berechnet (= 0,209
mal nachgesaugte Luftmenge). Dieses Gemisch wird mehrmals
durch die mittels einer Spirituslampe gut angewärmte Verbrennungsröhre in das mit gesättigter Kochsalzlösung gefüllte Sperrgefäß getrieben, wobei CO, H_2 und CH_4 verbrennen, und dann
in die Bürette zurückgedrückt. Der abgelesene Volumunterschied
ist die Kontraktion c. Zur Ermittlung der bei dieser Verbrennung entstehenden CO_2 treibt man den Gasrest zweimal in
das mit Kalilauge gefüllte Absorptionsgefäß; die jetzt festgestellte
Volumabnahme ist b = CO_2. Den überschüssigen Sauerstoff bestimmt man durch Einleiten des Gasrestes in Pyrogallol oder Phosphor. Durch Abzug des überschüssigen Sauerstoffs von dem in der
nachgesaugten Luft enthalten gewesenen Sauerstoff berechnet
man die zur Verbrennung erforderlich gewesene O_2-Menge = a ccm.
Im Gasrest G_2 waren dann enthalten

I. Wasserstoff $H_2 = c - a$ ccm

II. Methan $CH_4 = a - \dfrac{b + c}{3}$ ccm

III. Kohlenoxyd $CO = b - CH_4$ ccm.

Um die im Gasrest G_2 enthaltenen Volumina (= % im ursprünglichen Gas) zu erhalten, multipliziert man die aus I, II
und III berechneten Volumina mit $\dfrac{G_2}{G_1}$.

---

[1]) Z. B. Deutzer Apparat von Siebert und Kühn, Kassel. .

Die Verbrennung ist nur dann vollständig, wenn nach der Verbrennung noch überschüssiger Sauerstoff vorhanden ist. Zeigt die Untersuchung keinen überschüssigen Sauerstoff, dann war der angewandte Gasrest zu groß, d. h. die nachgesaugte Luftmenge zu klein; man wiederholt dann zweckmäßig die ganze Analyse mit einer neuen Probe und verwendet zur Verbrennung einen kleineren Gasrest.

Im übrigen gilt auch hier das im 2. Teil 3. Abschnitt über die Untersuchung von Verbrennungsgasen und den Orsatapparat Gesagte.

Beispiel einer vollständigen Gasanalyse.

Gasart:	Generatorgas	
Absorption:	Ablesung	Differenz
Gasvolumen . . . . · . . . ccm	100,0	
CO_2 . . . . · . . . ,,	94,4	$100-94,4 = 5,4$
CnHm . . . . ,,	94,4	$94,4-94,4 = 0,0$
O_2 . . . . ,,	$G_1 = 94,2$	$94,4-94.2 = 0,2$
Verbrennung:	Ablesung	O_2
Gasrest $G_2 =$ . . . . ccm	40,0	
Gasrest $+$ Luft . . . . ,,	100,0	
Luft. . . . . ,,	60,0	$60,0 \cdot 0{,}209 = 12,6$
	Ablesung	Differenz
Kontraktion (c) . . . . ccm	85,7	$100,0-85,7 = 14,3$
CO_2 ..(b) . . . . ,,	74,4	$85,7-74,4 = 11,3$
O_2 (Überschuß) . . . . ,,	71,7	$74,4-71,7 = 2,7$
Berechnung:		
Bei der Verbrennung entstandene $CO_2 = b$ . . . . ccm		11,3
Kontraktion $= c$ . . . . ,,		14,3
Verbrauchter $O_2 = a$ . . . . . ,,	$12,6 - 2,7$	$= 9,9$
$H_2 = c-a$ . . . . ,,	$14,3 - 9,9$	$= 4,4$
$CH_4 = a - \dfrac{b+c}{3}$ . . . . ,,	$9,9 - \dfrac{11,3+14,3}{3} = 1,4$	
$CO = b - CH_4$ . . . . ,,	$11,3 - 1,4$	$= 9,9$
Zusammensetzung des trockenen Gases:		
Kohlensäure . . . . $CO_2 = \%$		5,6
Schw.Kohlenwasserstoffe CnHm$=$,,		0,0
Sauerstoff . . . . $O_2 = $,,		0,2
Wasserstoff . . . . $H_2 = $,,	$4,4 \cdot \dfrac{G_1}{G_2} = 4,4 \cdot \dfrac{94,2}{40,0} = 10,4$	
Methan . . . . $CH_4 = $,,	$1,4 \cdot$,,	$= 3,3$
Kohlenoxyd . . . . CO $= $,,	$9,9 \cdot$,,	$= 23,3$
Stickstoff . . . . $N_2 = $,,		$= 57,2$
		100,0

c) Ermittlung des Gasheizwertes.

Diese erfolgt entweder **rechnerisch** (für Überschlags-rechnungen) oder **kalorimetrisch**.

Der untere Heizwert für 1 cbm Gas bei $0°$ und 760 mm Q-S beträgt annähernd[1])

$$H_u = 2580\ H_2 + 3050\ CO + 8530\ CH_4 + 14000\ CnHm\ WE,$$

wobei die Gasbestandteile H_2, CO usw. in Bruchteilen eines cbm Gasgemisches einzusetzen sind. Die Zahlenwerte sind die unteren Heizwerte von je 1 cbm des betreffenden Bestandteiles.

Beispiel. Für das Generatorgas des letzten Beispiels war gefunden worden:

$$
\begin{aligned}
H_2 &= 10{,}4\,\%\ = 0{,}104 \text{ cbm}\\
CO &= 23{,}3 \text{ „} = 0{,}233 \text{ „}\\
CH_4 &= 3{,}3 \text{ „} = 0{,}303 \text{ „}\\
CnHm &= 0{,}0 \text{ „} = 0{,}000 \text{ „}
\end{aligned}
$$

Also
$$H_u = 2580 \cdot 0{,}104 + 3050 \cdot 0{,}233 + 8530 \cdot 0{,}303 + 14000 \cdot 0{,}0 = 1247\ WE/cbm.$$

Zur Umrechnung des Heizwertes auf $t°$ und B mm Q-S (H_u') berechnet man das Volumen v, das 1 cbm Gas von $0°$ und 760 mm Q-S bei $t°$ und B mm Q-S einnimmt und dividiert den obigen Heizwert durch v. Es ist

$$v = 1 \cdot \frac{273 + t}{273} \cdot \frac{760}{B} \quad \text{und}$$

$$H_u' = H_u\ \frac{273}{273 + t} \cdot \frac{B}{760}.$$

Beispiel: Das obige Generatorgas hat bei $15°$ und einem bei 750 mm Barometerstand gemessenen Überdruck von 50 mm W-S $(B = 750 + \frac{50}{13{,}6} = 754$ mm Q-S) einen Heizwert von

$$H_u' = 1247\ \frac{273}{273 + 15} \cdot \frac{754}{760} = 1170\ WE.$$

Die **kalorimetrische** Heizwertbestimmung erfolgt mittels des in Abb. 47 dargestellten Junkersschen Kalorimeters in ähnlicher Weise, wie bei flüssigen Brennstoffen. Als Brenner dient eine einfache, nichtleuchtende Bunsenflamme. Die während des Versuches verbrannte Gasmenge G wird mittels eines Gasmessers ermittelt. Die Kühlwassermenge W kann ebenfalls gewogen werden; in vielen Fällen genügt das Auffaugen des Kühlwassers in einem bis 2 l geteilten Meßzylinder. Die Umrechnung des

---

[1]) Mit Vernachlässigung des im Gas enthaltenen Wasserdampfes.

ermittelten Heizwertes auf 1 cbm Gas von $0°$ und 760 mm Q-S erfolgt wie oben. Die Temperatur des Gases sei t_g, sein Druck q' mm Wassersäule.

Beispiel: Gichtgas; Mittelwerte aus einer Anzahl von Beobachtungen:

Gas			Kühlwasser			Kondens-wasser	Barometer-stand
G_1	$t_g\,°C$	$\dfrac{q'\,mm}{W\text{-}S}$	W kg	$t_1\,°C$	$t_2\,°C$	w ccm	B mm Q-S
38,6	20	100	2,0	15,2	36,5	9,7	758

Gasüberdruck $q = \dfrac{q'}{13,6} = \dfrac{100}{13,6} = 7$ mm Q-S.

Oberer Heizwert bei Versuchsumständen:

$$H_o = \frac{W\,(t_2 - t_1)}{G}\cdot 1000 = \frac{2,0\,(36,5 - 15,2)}{38,6}\cdot 1000 = 1130 \text{ WE/cbm.}$$

Unterer Heizwert bei Versuchsumständen:

$$H_u' = H_o - \frac{600\cdot w}{G} = 1130 - \frac{600\cdot 9,7}{38,6} = 979 \text{ WE/cbm.}$$

Unterer Heizwert bezogen auf $0°$ und 760 mm Q-S:

$$H_u = H_u'\cdot \frac{273 + t_g}{273}\cdot \frac{760}{B + q} = 979\,\frac{273 + 20}{273}\cdot \frac{760}{758 + 7} = 1046 \text{ WE/cbm.}$$

Zweiter Abschnitt.

Berechnung der Wärmeausnutzung und der Wärmeverluste.

Bezeichnet man wie bei der Dieselmaschine die für 1 PS_e-Std. aufgewandte Wärmemenge (Gasmenge für 1 PS_e-Std. mal dem unteren Heizwert des Gases) mit W_e, dann beträgt die Wärmeausnutzung oder der wirtschaftliche Wirkungsgrad

$$\eta_w = \frac{632}{W_e}.$$

Wenn es nicht möglich ist, die Nutzleistung N_e, sondern nur die indizierte Leistung N_i zu ermitteln, dann kann man die Wärmeausnutzung auch auf N_i beziehen $\left(\eta_i = \dfrac{632}{W_i}\right)$ und η_i mit dem geschätzten mechanischen Wirkungsgrad ($\eta_m \sim 0{,}75$ bis $0{,}85$) multiplizieren, also

$$\eta_w = \eta_i \cdot \eta_m.$$

Die Wärmeverluste sind folgende:

a) Verlust durch die Eigenreibung der Maschine,

b) Verlust durch Luftpumpenarbeit (nur bei Zweitaktmaschinen),

c) Verlust durch die mit dem Kühlwasser abgeführte Wärme,

d) Verlust durch die mit den Abgasen abgeführte Wärme,

e) Restverlust: Strahlung, Leitung, unvollkommene Verbrennung, Summe der Versuchsfehler.

Die Verluste werden für 1 PS_e-Std. berechnet und mit der nutzbar gemachten Wärme in einer Wärmebilanz zusammengestellt.

Die Berechnung der unter a bis c sowie unter e genannten Verluste erfolgt wie bei der Dieselmaschine; zur genauen Berechnung des Abgasverlustes sind folgende Messungen erforderlich:

1. Analyse des Frischgases,

2. Untersuchung der Abgase auf CO_2 und O_2,

3. Temperatur der Abgase t_a am Auspuffstutzen.
   Während dieser Messung muß eine etwaige Wassereinspritzung abgestellt werden, oder die Messung muß vor der Wassereinmündung erfolgen.

4. Temperatur der zugeführten Luft t.

Der untere Heizwert des Gases ist kalorimetrisch zu bestimmen und zum Vergleich aus der Frischgasanalyse nachzurechnen.

Beträgt das auf $0°$ und 760 mm Q-S bezogene Abgasvolumen von 1 cbm Frischgas G cbm, die spezifische Wärme derjenigen Gasmenge, die bei $0°$ und 760 mm Q-S. in 1 cbm Abgas enthalten ist, bei der zu $T°$ gemessenen Abgastemperatur c_{p_T} und die Lufttemperatur $t°$, dann beträgt der Abgasverlust für 1 cbm Frischgas

$$V_3' = G c_{p_T} (T - t) \, WE.$$

c_{p_T} kann nach der Zusammensetzung des Abgases berechnet werden; es genügt jedoch, $c_{p_T} = 0{,}32 \ WE/cbm/°C$ anzunehmen.

Bezeichnet man den stündlichen Brennstoffverbrauch in cbm für 1 PS_i oder 1 PS_e mit B_i bzw. B_e und den unteren Gasheizwert mit H_u, dann ist der stündliche Wärmeverbrauch

$$\text{für } 1 \ PS_i : W_i = B_i \cdot H_u \quad \text{und}$$
$$\text{„ } 1 \ PS_e : W_e = B_e \cdot H_u;$$

ferner der Abgasverlust

$$\text{für } 1 \text{ PS}_i : V'_{3i} = B_i \cdot G c_{p_T} (T - t) \text{ WE} \quad \text{oder}$$

$$V_{3i} = \frac{V'_{3i} \cdot 100}{W_i} \% \text{ von } W_i; \quad \text{ferner}$$

$$\text{für } 1 \text{ PS}_e : V'_{3e} = B_e \cdot G c_{p_T} (T - t) \text{ WE} \quad \text{oder}$$

$$V_{3e} = \frac{V'_{3e} \cdot 100}{W_e} \% \text{ von } W_e.$$

Das Abgasvolumen G setzt sich aus dem trockenen Volumen G_t und dem Volumen des durch Verbrennung des H_2 entstehenden Wasserdampfes G_w zusammen[1]). Man zeichnet mit den Werten der Frischgasanalyse nach den S. 80 gemachten Angaben ein Abgasschaubild auf und ermittelt aus den Werten CO_2 und O_2 der Abgasanalyse den zugehörigen Wert des Luftfaktors η.

Das trockene Abgasvolumen beträgt dann nach S. 81:

$$G_t = p_1 + v_1 + k_1 + 2 r_1 + 2 s_1 + n_1 + O_{min}\left(\frac{4{,}76}{\eta} - 1\right).$$

Das Wasserdampfvolumen beträgt:

$$G_w = h_1 + 2 v_1 + 2 r_1 + s_1.$$

Beispiel: Bei einem Versuch an einer Gichtgasmaschine habe sich folgendes ergeben:

Indizierte Leistung. . . . . N_i = 2050 PS_i
Nutzleistung . . . . N_e = 1660 PS_e
Stündlicher Gasverbrauch für 1 PS_i: B_i = 2,27 cbm
    ,,   ,,   ,, 1 PS_e: B_e = 2,80 ,,
Frischgasanalyse: . . . . H_2 = 2,6%; h_1 = 0,026 cbm
                      CO = 32,5,, p_1 = 0,325 ,,
                      N_2 = 58,7,, n_1 = 0,587 ,,
                      CO_2 = 6,2,, k_1 = 0,062 ,,
Unterer Heizwert: . . . . H_u = 1020 WE/cbm bei 0°
                      und 760 mm Q-S
Abgasanalyse: . . . . CO_2 = 19,5 %
                      O_2 = 3,6 ,,
Abgastemperatur: . . . . T = 525°
Lufttemperatur: . . . . t_l = 20°
Stündlicher Kühlwasserverbrauch
    für 1 PS_e: . . . . K = 20,7 kg
Kühlwassertemperatur: Eintritt . t_1 = 10°
                   Austritt . t_2 = 55°

---

[1]) Der ursprünglich im Frischgas enthaltene Wasserdampf sei vernachlässigt.

Berechnet:

Wärmeaufwand für 1 PS_e-Std. $\cdot W_e = B_e \cdot H_u = 2{,}80 \cdot 1020$
$$= \mathbf{2860\ WE.}$$

Wirtschaftlicher Wirkungsgrad $\eta_w = \dfrac{632}{W_e} = \dfrac{632}{2580} = \mathbf{0{,}221.}$

Verluste:

1. Reibungsverlust:

Mechanischer Wirkungsgrad $\eta_m = \dfrac{N_e}{N_i} = \dfrac{1660}{2060} = 0{,}81$

Reibungswärme $V_1' = \dfrac{N_i - N_e}{N_e} \cdot 632 = \dfrac{2050 - 1660}{1660} \cdot 632$
$$= 149\ \text{WE/}PS_e\text{-Std.}$$

$$V_1 = \frac{V_1' \cdot 100}{W_e} = \frac{149 \cdot 100}{2860} = \mathbf{5{,}2\,\%.}$$

2. Kühlwasserverlust:

$$V_2' = K(t_2 - t_1) = 20{,}7(55 - 10) = 932\ \text{WE/}PS_e$$

$$V_2 = \frac{V_2' \cdot 100}{W_e} = \frac{932 \cdot 100}{2860} = \mathbf{32{,}6\,\%.}$$

3. Abgasverlust:

$$O_{min} = 0{,}5\,h_1 + 0{,}5\,p_1 = 0{,}5 \cdot 0{,}026 + 0{,}5 \cdot 0.325 = 0{,}176\ \text{cbm.}$$

Aus dem Schaubild ergibt sich für $k = 19{,}5\,\%$ und $q = 3{,}6\,\%,$
$$\eta = 0{,}70.$$

Trockenes Abgasvolumen von 1 cbm Frischgas

$$G_t = p_1 + k_1 + n_1 + O_{min}\left(\frac{4{,}76}{\eta} - 1\right)$$

$$= 0{,}325 + 0{,}062 + 0{,}587 + 0{,}176\left(\frac{4{,}76}{0{,}70} - 1\right) = 1{,}994\ \text{cbm.}$$

Wasserdampfvolumen von 1 cbm Frischgas:
$$G_w = h_1 = 0{,}026\ \text{cbm}$$

Gesamtabgasvolumen:

$G \quad = G_t + G_w = 1{,}994 + 0{,}026 = \mathbf{2{,}02}\,\text{cbm bei }0^\circ\text{ und }760\text{ mm,}$

$V_3' = G \cdot c_{p_T}(T - t_1) = 2{,}02 \cdot 0{,}32\,(525 - 20) = 326\ \text{WE/cbm}$

$V_{3e}' = B_e \cdot V_3' = 2{,}80 \cdot 326 = 913\ \text{WE/}PS_e\text{-Std.}$

$$V_{3e} = \frac{V_{3e}' \cdot 100}{W_e} = \frac{913 \cdot 100}{2860} = \mathbf{31{,}9\,\%.}$$

4. Restverlust:

$$V'_4 = W_e - (632 + V'_1 + V'_2 + V'_{3e})$$
$$= 2860 - (632 + 149 + 932 + 913) = 234 \text{ WE/PS}_e\text{-Std.}$$

$$V_4 = \frac{V'_4 \cdot 100}{W_e} = \frac{234 \cdot 100}{2860} = 8{,}2\%.$$

Wärmebilanz für 1 PS$_e$-Std.:	WE	%
Nutzbar gemacht	632	**22,1**
Verloren: a) Durch Reibung	149	5,2
b) Durch die Abwärme des Kühlwassers	932	32,6
c) in den Abgasen	913	31,9
d) Restverlust	234	8,2
Wärmeaufwand für 1 PS$_e$-Std.	2860	100,0

Dritter Abschnitt.

Die Ermittlung der in einem Abhitzekessel nutzbar gemachten Abwärme.

Zu diesem Zwecke muß ein vollständiger Verdampfungsversuch durchgeführt werden. Der Abhitzekessel besteht aus einem mit Isoliermasse umkleideten Röhrenkessel, einem Überhitzer und einem darüber oder daneben angeordneten Speisewasser-Vorwärmer. Die Abgase durchströmen erst den Überhitzer, dann den Kessel und zuletzt den Vorwärmer.

Entsprechend den im ersten und zweiten Teil genannten Messungen ist hauptsächlich folgendes festzustellen:

a) die Speisewassermenge in kg

b)   „   „   temperatur t_e (Eintritt) und t_a (Austritt)

c)   „ Dampfspannung in at

d)   „   „   temperatur t_d

e)   „ Temperatur $T_ü$ der Abgase vor dem Überhitzer

f)   „   „ T_v „   „ hinter dem Vorwärmer.

Bezieht man die erzeugte Dampfmenge auf 1 PS$_e$ der Gasmaschinenleistung und bezeichnet man diese mit D, dann ist die von den Abgasen jeder PS$_e$

1. an den Kessel überhaupt abgegebene Wärmemenge:

$$W_k = G_a \cdot c_{p_T}(T_ü - T_v) \text{ WE/PS}_e\text{-Std.}$$

worin G_a die stündliche Abgasmenge für 1 PS$_e$ in cbm bei 0° und 760 mm und c_{p_T} die spezifische Wärme der Abgase $= 0{,}32$ WE/cbm bedeutet,

2. an das Speisewasser und den Dampf nutzbar abgegebene Wärmemenge W_d:

    a) zur Speisewassererwärmung $D(t_a - t_e)$ WE/PS$_e$-Std.

    b) „ Dampferzeugung $D(\lambda - t_a)$ WE/PS$_e$-Std.

    c) „ „ überhitzung $D c_p (t_d - t_s)$ WE/PS$_e$-Std.,

worin c_p wie früher die spezifische Wärme des überhitzten Dampfes und t_s seine Sättigungstemperatur bedeutet, also Summe a bis c

$$W_d = D [(\lambda - t_e) + c_p (t_d - d_s)] \; \text{WE/PS}_e\text{-Std.}$$

Beispiel: Bei einem Versuch an einer Gichtgasmaschine (s. auch letztes Beispiel) sei festgestellt:

Stündlicher Gasverbrauch . . . B_e = 2,80 cbm/PS$_e$-Std.

Unterer Gasheizwert . . . . . . H_u = 1020 WE/cbm

Nutzleistung . . . . N_e = 1660 PS$_e$

Stündliche Speisewassermenge . = 1145 kg

    „   „   . $D = \dfrac{1145}{1660} = 0{,}69 \; \text{kg/PS}_e\text{-Std.}$

Speisewassertemperatur: Eintritt t_e = 15°

                 Austritt t_a = 155°

Dampfspannung . . . .   12 at

   „   temperatur . . . . t_d = 320°

Lufttemperatur . . . . t_l = 20°

Abgastemperatur:

        Vor dem Überhitzer . . $T_{ü}$ = 525°

        Hinter dem Vorwärmer T_v = 200°

Abgasmenge von 1 cbm Frischgas G = 2,02 cbm bei 0° u. 760 mm

   „   für 1 PS$_e$-Std. . . . G_a = $2{,}02 \cdot B_e = 2{,}02 \cdot 2{,}80$

                               = 5,65 cbm bei 0° u. 760 mm

    Ferner ist:

Sättigungstemperatur d. Dampfes t_s = 190,6°

Erzeugungswärme d. Sattdampfes λ = 669 WE/kg

Spezif. Wärme des Heißdampfes c_p = 0,55 WE/kg/°C.

Also wurden von den Abgasen einer PS$_e$ stündlich überhaupt an den Kessel abgegeben:

$$W_k = G_a \cdot c_{p_T} (T_{ü} - T_v) = 5{,}65 \cdot 0{,}32 (525 - 200) = 587 \; \text{WE.}$$

Ferner im Kessel nutzbar gemacht:

$$W_d = D [(\lambda - t_e) + c_p (t_d - t_s)]$$

$$= 0{,}69 [(669 - 15) + 0{,}55 (320 - 190{,}6)] = \mathbf{500 \; WE,}$$

oder in Prozenten des Wärmeverbrauches W_e für

$$1 \ PS_e\text{-Std.} = \frac{500}{W_e} \cdot 100 = \frac{500 \cdot 100}{2,80 \cdot 1020} = 17,5\,\%.$$

Also Verlust durch Strahlung usw.

$$= W_k - W_d = 587 - 500 = 87 \ WE/PS_e\text{-Std.}$$

oder

$$= \frac{87 \cdot 100}{2,80 \cdot 1020} = 3,0\,\%.$$

Von je 5000 WE des Wärmeinhaltes des Gichtgases wurden an Dampf erzeugt:

$$\frac{D}{B_e \cdot H_u} \cdot 5000 = \frac{0,69}{2,80 \cdot 1020} \cdot 5000 = \mathbf{1,21 \ kg}.$$

Der Abgasverlust berechnet sich zu

$$G_a \cdot c_{p_T} (T_v - t_l) = 5,65 \cdot 0,32 \, (200 - 20) = 326 \ WE \text{ oder in } \%$$
$$\frac{326 \cdot 100}{2,80 \cdot 1020} = 11,4\,\%;$$

In den Abgasen verfügbare Wärme

$$G_a \, c_{p_T}(T_{ü} - t_l) = 5,65 \cdot 0,32 \, (525 - 20) = 913 \ WE/PS_e\text{-Std.}$$
$$= \frac{913 \cdot 100}{2,80 \cdot 1020} = 31,9\,\%$$

(wie im letzten Beispiel).

Hieraus entsteht folgende Wärmebilanz für 1 PS_e-Std. für den Abhitzekessel:

	WE	% von 2860	% von 913
Nutzbar gemacht:	500	17,5	**54,8**
Verloren: Durch Abwärme	326	11,4	35,7
„ Strahlung usw. .	87	3,0	9,5
Wärmeinhalt der Verbrennungsgase vor dem Überhitzer	913	31,9	100,0
Wärmeverbrauch der Maschine $= 2,80 \cdot 1020 =$	2860		

Die vollständige, mit dem letzten Beispiel (S. 154) vereinigte Wärmebilanz lautet demnach für 1 PS_e-Std.:

	WE	%
Nutzbar gemacht:		
a) in der Maschine	632	**22,1**
b) im Abhitzekessel	500	**17,5**
Verloren:		
a) durch Reibung	149	5,2
b) durch die Abwärme des Kühlwassers . .	932	32,6
c) in den Abgasen.	326	11,4
d) Restverlust: α) für die Maschine	234	8,2
β) „ den Abhitzekessel . .	87	3,0
Wärmeverbrauch der Maschine.	2860	100,0

Anmerkung:

Zusammenstellung der Wirkungsgrade[1]):

1a. Theoretischer thermischer Wirkungsgrad der Maschine:

$$\eta_{th} = \frac{Q_1 - Q_2}{Q_1} = \frac{2860 - 913}{2860} = 0,68.$$

1b. Theoretischer thermischer Wirkungsgrad von Maschine und Abhitzekessel:

$$\eta'_{th} = \frac{2860 - 326}{2860} = 0,88.$$

2. Indizierter thermischer Wirkungsgrad:

$$\eta_i = \frac{632}{B_i\,H_u} = \frac{632}{2,27 \cdot 1020} = 0,273.$$

3. Mechanischer Wirkungsgrad:

$$\eta_m = \frac{N_e}{N_i} = \frac{1660}{2050} = 0,81.$$

4. Gütegrad der Maschine:

$$\eta_g = \frac{\eta_i}{\eta_{th}} = \frac{0,273}{0,68} = 0,402.$$

5. Wirtschaftlicher Wirkungsgrad der Maschine:

$$\eta_w = \frac{632}{B_e \cdot H_u} = \frac{632}{2,80 \cdot 1020} = 0,221.$$

6. Wirkungsgrad des Abhitzekessels:

$$\eta_k = 0,548 \quad \text{(s. Bilanz des Kessels S. 158).}$$

In ähnlicher Weise lassen sich auch die Wirkungsgrade der Dieselmaschine beim Versuch S. 134 zusammenstellen, wenn die für die Berechnung des Abgasverlustes erforderlichen Messungen gemacht sind.

---

[1]) S. auch des Verfassers: „Verbrennungskraftmaschinen", 3. Aufl., S. 113. Springer, Berlin, 1922.

In übersichtlicher Zusammenfassung sei im folgenden behandelt ein

Versuch an einer 5000 PS - Koksofen - Gasmaschine mit Abhitzekessel[1]).

Je zwei hintereinander angeordnete doppeltwirkende Viertakt-Zylinder zu beiden Seiten einer Drehstromdynamo.

Hauptabmessungen: Zylinderdurchmesser . . . . 1250 mm
                Kolbenstangendurchmesser . . . .   300 „
                Kolbenhub . . . . 1300 „
                Minutl. Drehzahl   94
Kessel- und Vorwärmer-Heizfläche. . . . . 180 qm
Überhitzer-Heizfläche . . . .   40 „
Dampfspannung . . . .   12 at.

    Leistungsschilder:

Drehstromdynamo: 3150 Volt,   840 Amp.,   cos $\varphi = 0{,}7$,
                    50 Perioden, 4600 KVA, 94 Umdreh.
Erregermaschine: 220 Volt, 345 Amp., 975 Umdrehungen.
Kolbenkühlwasserpumpe: 3150 Volt,   28 Amp.,   122 KW,
                    1450 Umdr., 360 Volt Rotorspannung.
Zylinderkühlwasserpumpe: 3150 Volt,   23 Amp.,   100 KW,
                    1450 Umdr., 295 Volt Rotorspannung.
Warmwasserpumpe[2]):   3150 Volt,   35 Amp.,   143 KW,
                    725 Umdr.,   415 Volt Rotorspannung.

Die Messung der Gasmenge erfolgte mittels eines großen Gasbehälters nach S. 143 bei geeignetem Wetter.

Hauptergebnisse des Versuches:

Versuchsdauer . . . .   6,0 Std.

    Mittelwerte der Beobachtungen:
      a) Gasmaschine:

Minutliche Drehzahl.   97
Mittlerer indizierter Kolbendruck . . . . 4,157 at.
Gasdruck vor der Maschine . . . . 135 mm W-S
Gastemperatur vor der Maschine . . . .   30°
Lufttemperatur. . . . .   15°
Abgastemperatur hinter der Maschine . . . . . .   530°
Abgasanalyse: Kohlensäure CO_2 . . . .   4,1%
           Sauerstoff O_2 . . . . 11,7%

---

[1]) Zeche Bergmannsglück, Buer i. W. 1920.
[2]) Zur Förderung des warmen Kühlwassers auf den Kühlturm.

b) Kühlwasser:

Eintrittstemperatur . . . . 24,4°
Austrittstemperatur . . . . 39,3°
Stauhöhe . . . . 500 mm W-S
Stündliche Menge . . . . 175 cbm

c) Gasmessung:

Gasanalyse:

CO_2= 1,7%; also k_1= 0,017 cbm, C_2H_4= 1,4%; also r_1=0,014 cbm
CO = 4,5 „   „ p_1=0,045 „ O_2 = 2,4 „   „ q_1=0,024 „
H_2 =46,5 „   „ h_1=0,465 „ N_2 = 20,4 „   „ n_1=0,204 „
CH_4=23,1 „   „ v_1=0,231 „ Summe=100,0%;   =1,000 cbm

Spezifisches Gewicht (bezogen auf Luft = 1[1]) 0,52
„   „   bei 0° und 760 mm Q-S 0,657 kg/cbm
„   „   aus der Analyse berechnet 0,605   „
Unterer Heizwert bei 0° und 760 mm Q-S (kalori-
    metrisch). 3729 WE/cbm
Unterer Heizwert aus der Analyse berechnet . . 3604   „
Gastemperatur im Gasbehälter . . . .   8°
Gasdruck im Gasbehälter. . . . . 135 mm W-S
Verbrauchtes Gasvolumen bei 0° und 760 mm Q-S 17228 cbm
Stündliches   „   „ „. „   „ „   „ 2871 „

d) Abhitzekessel:

Speisewassertemperatur vor dem Vorwärmer. . .   10°
          „   hinter dem Vorwärmer . 180°
Gesamt-Speisewassermenge . . . . .19433 kg
Stündliche Speisewassermenge . . . . 3239 „
    „   „   auf 1 qm Heizfläche   9,0 „
Dampfdruck . . . . 10,3 at.
Dampftemperatur . . . . 356°
Erzeugungswärme . . . . 749 WE/kg
Abgastemperatur vor dem Überhitzer . . . . . . 496°
    „   hinter dem Überhitzer . . . . . 431°
    „   vor dem Vorwärmer . . . . . . 232°
    „   hinter dem Vorwärmer . . . . . 167°
Abgas-Überdruck   „   „   „   . . . . .72—95 mm W-S
Luftbedarf[2]) mit η = 0,47 . . . . , . . 2,13 fach

---

[1]) Mit dem Schillingschen Apparat durch Vergleich der Ausström-
zeiten von Gas und Luft gemessen.
[2]) Aus dem Abgasschaubild, Verbrennung fast vollkommen.

e) Elektrische Messungen:

Hauptmaschine: Spannung . . . . 3100 Volt
Stromstärke . . . . 777 Amp.
KVA 4170
$\cos \varphi$ 0,814
Elektr. Leistung $4170 \cdot 0,814 =$ 3395 KW
Wirkungsgrad (geschätzt) 0,95
Erreger-Energie: Kraftverbrauch (Drehstromseite) 34 KW
Kraftabgabe (Gleichstromseite) . 25 KW
Elektrische Leistung abzüglich Erreger-Energie
$3395 - 34 =$ . . . . 3361 KW
Kraftbedarf der Kühlwasserpumpen . . . . 100 KW

Berechnete Werte:

a) Gasmaschine:

Indizierte Leistung

$$N_i = 8 \frac{\left(\dfrac{125^2 \pi}{4} - \dfrac{30^2 \pi}{4}\right) 4,157 \cdot 0,130 \cdot 97}{120 \cdot 75} = 5400 \text{ PS}_i$$

Nutzleistung (aus der elektrischen Leistung der Dynamo und ihrem Wirkungsgrad berechnet)

$$N_e = \frac{3395}{0,95 \cdot 0,736} = \quad \text{. . . . .} \quad 4855 \text{ PS}_e$$

Mechanischer Wirkungsgrad

$$\eta_m = \frac{4855}{5400} = \quad \text{. . . . .} \quad 0,90$$

Gasverbrauch für 1 PS_e-Std.

$$= \frac{2871}{4855} = 0,591 \text{ cbm bei } 0^\circ \text{ und } 760 \text{ m}$$

Wärmeverbrauch für 1 PS_e-Std.

$$= 0,591 \cdot 3729 = 2205 \text{ WE}$$

Reibungsverlust für 1 PS_e-Std.

$$= \frac{5400 - 4855}{5400} \cdot 632 = 64 \text{ WE}$$

b) Abhitzekessel:

Theoretische Sauerstoffmenge für 1 cbm Frischgas

$$O_{min} = 0,5\,h_1 + 0,5\,p_1 + 2\,v_1 + 3\,r_1 - q_1 =$$
$$= 0,5 \cdot 0,465 + 0,5 \cdot 0,045 + 2 \cdot 0,231 + 3 \cdot 0,014 - 0,024 =$$
$$= 0,735 \text{ cbm.}$$

Wirkliche Sauerstoffmenge für 1 cbm Frischgas

$$O_w = \frac{1}{\eta}\,O_{min} = \frac{1}{0,47} \cdot 0,735 = 1,565 \text{ cbm.}$$

Wirkliche Luftmenge für 1 cbm Frischgas

$$L = \frac{O_w}{0,21} = \frac{1,565}{0,21} = 7,46 \text{ cbm.}$$

Trockene Abgasmenge von 1 cbm Frischgas

$$V_t = p_1 + v_1 + k_1 + 2\,r_1 + n_1 + O_{min}\left(\frac{4,76}{\eta} - 1\right)$$
$$= 0,045 + 0,231 + 0,017 + 2 \cdot 0,014 + 0,204 + 0,735\left(\frac{4,76}{0,47} - 1\right) =$$
$$= 7,24 \text{ cbm.}$$

Wasserdampfvolumen von 1 cbm Frischgas

$$H_2O = h_1 + 2\,v_1 + 2\,r_1 = 0,465 + 2 \cdot 0,231 + 2 \cdot 0,014 = 0,955 \text{ cbm}$$
$$\text{bei } 0^\circ \text{ und } 760 \text{ mm Q-S.}$$

Gesamtes Abgasvolumen von 1 cbm Frischgas

$$V_g = V_t + H_2O = 7,24 + 0,955 = 8,20 \text{ cbm bei } 0^\circ \text{ und } 760 \text{ mm Q-S.}$$

Desgl. für 1 PS_e-Std.

$$V_g' = 0,591 \cdot V_t = 0,591 \cdot 8,20 = 4,85 \text{ cbm.}$$

Wärmeinhalt der Abgase von 1 PS_e-Std. (mit $c_p = 0,32$ WE/cbm)

a) hinter der Maschine $\quad 0,32 \cdot 530 \cdot 4,85 = 823$ WE
b) vor dem Überhitzer $\quad 0,32 \cdot 496 \cdot 4,85 = 770$ „
c) hinter dem Überhitzer $\quad 0,32 \cdot 431 \cdot 4,85 = 670$ „
d) vor dem Vorwärmer $\quad 0,32 \cdot 232 \cdot 4,85 = 360$ „
e) hinter dem Vorwärmer $\quad 0,32 \cdot 167 \cdot 4,85 = 259$ „

Verlust im Verbindungsrohr (a—b) = 823—770 = 53 WE
Abgegeben im Überhitzer (b—c) = 770—670 = 100 „ ⎫
Abgegeben im Kessel (c—d) = 670—360 = 310 „ ⎬ = 511 WE
Abgegeben im Vorwärmer (d—e) = 360—259 = 101 „ ⎭
Verloren im Auspuff e = 259 „

Stündliche Dampfmenge für 1 PS_e-Std. $= \dfrac{3239}{4855} = 0,668$ kg.

Desgl. für Normaldampf (mit $\lambda = 639$ WE) $= \dfrac{0,668 \cdot 749}{639} = 0,783$ kg.

Wärmeaufnahme für 1 PS_e-Std.

$$\left.\begin{array}{llll} \text{im Vorwärmer} & 0,668 \cdot (180-10) & = 114\ \text{WE} \\ \text{im Kessel} & 0,668 \cdot (667-180) & = 325\ \ \text{,,} \\ \text{im Überhitzer} & 0,668 \cdot 92 & = \ \ 62\ \ \text{,,} \end{array}\right\} = 501\ \text{WE.}$$

Die nutzbar aufgenommene Wärmemenge müßte in allen Teilen natürlich kleiner sein als die von den Heizgasen abgegebene; die Widersprüche sind wahrscheinlich auf kleine Ungenauigkeiten der Messungen oder der Instrumente oder auf Rechnungsabrundungen zurückzuführen; der Strahlungsverlust des Kessels muß jedenfalls sehr klein gewesen sein.

Hieraus entsteht folgende **Wärmebilanz** für 1 PS_e-Std. für den Abhitzekessel:

	WE	% von 2205	% von 770
Nutzbar gemacht: Zur Vorwärmung	114	5,2	14,8
„ Dampferzeugung . . .	325	14,7	42,3
„ Überhitzung	62	2,8	8,1
Im ganzen . . .	501	22,7	65,2
Verloren: Durch Abwärme	259	11,7	33,6
„ Strahlung usw. . .	10	0,5	1,2
Wärmeinhalt der Verbrennungsgase vor dem Überhitzer	770	34,9	100,0
Wärmeverbrauch der Maschine . . .	2205		

     c) **Mit dem Kühlwasser für 1 PS_e-Std. abgeführte Wärme:**

$$= \frac{175000}{4855}\,(39,3-24,4) = 538\ \text{WE.}$$

Hieraus ergibt sich folgende

Gesamtwärmeverteilung für 1 PS_e-Std.

Nutzbar gemacht:	WE	%	
a) in der Maschine[1]	632	28,6	
b) im Vorwärmer	114	5,2	
c) im Kessel	325	14,7	22,7
d) im Überhitzer	62	2,8	
Verloren:			
a) durch Reibung	64	2,9	
b) im Kühlwasser	538	24,4	
c) in den Abgasen	259	11,8	
d) durch Leitung und Strahlung			
α) am Abhitzekessel	10	0,5	
β) an der Maschine (Rest)	201	8,9	
Wärmeverbrauch für 1 PS_e-Std.	2205	100,0	

[1] Wärmeverbrauch für Erregung und Kühlwasserpumpen ist nicht abgezogen.

Verlag von **Julius Springer** in Berlin W 9

Maschinentechnisches Versuchswesen. Von Professor Dr.-Ing.
A. Gramberg.
Band I: **Technische Messungen bei Maschinenuntersuchungen und
zur Betriebskontrolle.** Zum Gebrauch an Maschinenlaboratorien
und in der Praxis. Fünfte, vielfach erweiterte und umgearbeitete
Auflage. Mit 326 Textfiguren. (577 S.) 1923. Gebunden 18 Goldmark
Band II: **Maschinenuntersuchungen und das Verhalten der Ma-
schinen im Betriebe.** Ein Handbuch für Betriebsleiter, ein Leit-
faden zum Gebrauch bei Abnahmeversuchen und für den Unterricht
an Maschinenlaboratorien. Dritte, verbesserte Auflage. Mit 327
Figuren im Text und auf 2 Tafeln. (619 S.) 1924.
Gebunden 20 Goldmark

Technische Untersuchungsmethoden zur Betriebskontrolle
insbesondere zur Kontrolle des Dampfbetriebes. Zugleich ein Leit-
faden für die Übungen in den Maschinenbaulaboratorien Technischer
Lehranstalten. Von Oberlehrer Professor **Julius Brand,** Elberfeld.
Mit einigen Beiträgen von Dipl.-Ing. Oberlehrer Robert Heermann.
Vierte, verbesserte Auflage. Mit 277 Textabbildungen, 1 lithogra-
phischen Tafel und zahlreichen Tabellen. (385 S.) 1921.
Gebunden 12 Goldmark

Technische Thermodynamik. Von Professor Dipl.-Ing. **W. Schüle.**
Erster Band: **Die für den Maschinenbau wichtigsten Lehren nebst
technischen Anwendungen.** Vierte, neubearbeitete Auflage. Mit
225 Textfiguren und 7 Tafeln. (569 S.) 1921. Berichtigter Neudruck.
1923. Gebunden 18 Goldmark
Zweiter Band: **Höhere Thermodynamik** mit Einschluß der chemi-
schen Zustandsänderungen nebst ausgewählten Abschnitten aus dem
Gesamtgebiet der technischen Anwendungen. Vierte, erweiterte
Auflage. Mit 228 Textfiguren und 5 Tafeln. (527 S.) 1923.
Gebunden 18 Goldmark

**Der Wärmeübergang an strömendes Wasser in vertikalen
Rohren.** Von Dr.-Ing. **Waldemar Stender.** Mit 25 Abbildungen
im Text. (86 S.) 1924. 5,10 Goldmark

Die Wärme-Übertragung. Auf Grund der neuesten Versuche für
den praktischen Gebrauch zusammengestellt von Dipl.-Ing. **M. ten
Bosch** in Zürich. Mit 46 Textabbildungen. (127 S.) 1922. 5 Goldmark

**Die Grundgesetze der Wärmeleitung und des Wärmeüber-
ganges.** Ein Lehrbuch für Praxis und technische Forschung. Von
Oberingenieur Dr.-Ing. **Heinrich Gröber.** Mit 78 Textfiguren. (279 S.)
1921. 9 Goldmark

**Handbuch der Feuerungstechnik und des Dampfkessel-
betriebes** mit einem Anhange über allgemeine Wärme-
technik. Von Dr.-Ing. **Georg Herberg,** Stuttgart. Dritte, verbesserte Auflage. Mit 62 Textabbildungen, 91 Zahlentafeln sowie 48
Rechnungsbeispielen. (350 S.) 1922. Gebunden 11 Goldmark

Schnellaufende Dieselmaschinen. Beschreibungen, Erfahrungen, Berechnung, Konstruktion und Betrieb. Von Professor Dr.-Ing. **O. Föppl**, Marinebaurat a. D., Braunschweig, Dr.-Ing. **H. Strombeck,** Obering., Leunawerke und Professor Dr. techn. **L. Ebermann,** Lemberg. Dritte, ergänzte Auflage. Mit 148 Textabbildungen und 8 Tafeln, darunter Zusammenstellungen von Maschinen von AEG, Benz, Daimler, Danzinger Werft, Deutz, Germaniawerft, Görlitzer M.-A., Körting und MAN Augsburg. (246 S.) 1925. Gebunden 11,40 Goldmark

Ölmaschinen, ihre theoretischen Grundlagen und deren Anwendung auf den Betrieb unter besonderer Berücksichtigung von Schiffsbetrieben. Von Marine-Oberingenieur a. D. **Max Wilh. Gerhards.** Zweite, vermehrte und verbesserte Auflage. Mit 77 Textfiguren. (168 S.) 1921.
Gebunden 5,80 Goldmark

Schiffs-Ölmaschinen. Ein Handbuch zur Einführung in die Praxis des Schiffsölmaschinenbetriebes. Von Direktor Dipl.-Ing. Dr. **Wm. Scholz** in Hamburg. Dritte, verbesserte und erweiterte Auflage. Mit 188 Textabbildungen und 1 Tafel. (276 S.) 1924.
Gebunden 13,50 Goldmark

Anleitung zur Berechnung einer Dampfmaschine. Ein Hilfsbuch für den Unterricht im Entwerfen von Dampfmaschinen. Von Professor **R. Graßmann,** Geheimer Hofrat, Regierungsbaumeister a. D., Karlsruhe i. B. Vierte, umgearbeitete und stark erweiterte Auflage. Mit 25 Anhängen, 471 Figuren und 2 Tafeln. (658 S.) 1924.
Gebunden 28 Goldmark

Kolbendampfmaschinen und Dampfturbinen. Ein Lehr- und Handbuch für Studierende und Konstrukteure. Von Professor **Heinrich Dubbel,** Ingenieur. Sechste, vermehrte und verbesserte Auflage. Mit 566 Textfiguren. (530 S.) 1923. Gebunden 11 Goldmark

Die Steuerungen der Dampfmaschinen. Von Professor **Heinrich Dubbel,** Ingenieur. Dritte, umgearbeitete und erweiterte Auflage. Mit 515 Textabbildungen. (399 S.) 1923. Gebunden 10 Goldmark

Taschenbuch für den Maschinenbau. Bearbeitet von Fachleuten. Herausgegeben von Professor **Heinrich Dubbel,** Ingenieur, Berlin. Vierte, erweiterte und verbesserte Auflage. Mit 2786 Textfiguren. In zwei Bänden. (1739 S.) 1924. Gebunden 18 Goldmark

Freytags Hilfsbuch für den Maschinenbau für Maschineningenieure sowie für den Unterricht an Technischen Lehranstalten. Siebente, vollständig neubearbeitete Auflage. Unter Mitarbeit von Fachleuten herausgegeben von Professor **P. Gerlach.** Mit 2484 in den Text gedruckten Abbildungen, 1 farbigen Tafel und 3 Konstruktionstafeln. (1502 S.) 1924. Gebunden 17,40 Goldmark